JN056618

ショートケーキを作ってくださるすべての方々に、感謝を込めて

はじめまして。森岡督行と申します。

まずはじめに、自分のことをいうのをお許しください。これからショートケーキについて述べさせていただくわけですが、はじめて自分自身が口にしたショートケーキは何だったのかを振り返ってみました。私が生まれた山形県寒河江市には「KAWASHIMA」という洋菓子店がかつてあり、母が、ケーキをときどき買ってきてくれたので、そこのショートケーキがはじめてのショートケーキだったと予想されます。そのことを母に確認してみたら、こういいました。「誕生日にはKAWASHIMAのショートケーキを買っていた」。1歳や2歳の誕生日に食べただろうKAWASHIMAのショートケーキ。これが私にとって最初のショートケーキだったのではないでしょうか。

そういえばいつからか日本のクリスマスや誕生日は、ショートケーキでお祝いする習慣があります。おそらく、日本中、どの街にもこのような洋菓子店があるのは、だからかもしれません。ショートケーキがガラスの向こうに並んでいる光景は、多くの人々に共有されています。そう考えると、ショートケーキは、お正月の鏡餅や土用の鰻のように、もはや年中行事に組み込まれた食品といっても過言ではありません。また、本文でも書きましたが、ショートケーキの良いところは、フルーツで季節が反映されるということです。その季節ごとの旬のフルーツと生クリームとスポンジの組み合わせ。これがショートケーキの実体でしょう。3人で奏でる音楽を「トリオ」といいますがそれに近いものを感じます。香道には「香りを聞く」という表現があるように、「ショートケーキを聞く」といってみたいほどです。

ところで、「ショートケーキ応援団」というワードは、いくらネット上で検索してもヒットしないワードですが、自分は、さしずめ、ショートケーキ応援団という立場です。箱根駅伝を見ると、各校の応援団が、増上寺付近で、一瞬だけ通り過ぎるランナーを全力で応援する光景がありますが、そのイメージに近い。

　日本に根づいて１００年といわれるショートケーキ。次の１００年もきっとまた人々の笑顔の傍にあるだろうショートケーキ。

「フレーフレーショートケーキ」

　少しづつ思い出に変わって行くことを願いながら応援し続けます。例えば、以下に読まれる文章のように。

もくじ

コラム

# ショートケーキを許す

# 風のように

銀座ウエスト 本店

銀座ウエスト 本店[1]には、全部で52席[2]がありますが、扉を開けて、もし窓側の席が空いていたなら、私は迷わずその席に着席するでしょう。窓際の席には季節ごとに咲くお花が活けてあり、お花に出迎えてもらったような気持ちになります。小さく可憐なお花を少し見るだけでも、いまここに歩いてきたことが、ある種の必然だったように思えてきます。

必然とは何でしょうか。例えば、もうじきここには、一杯のコーヒーと苺のショートケーキが運ばれてくるわけですが、これを宇宙のはじまりというとや

や大袈裟ですが、まあ、それくらいから考えると、幾千のときを越えていまここで出合うということですから、その確率たるやものすごいことになります。今日ここで過ごせるのは60分くらいでしょうか。奇跡のようにも思えるこの60分。それをもし必然というなら、私は、これからテーブルのまわりで起こる出来事を信じます。え、信じるとは。

ずっと昔、まだ私が子どもだった頃、このお店の窓側の席に、父と座ったことがありました。季節ごとのお花があり、季節ごとのケーキがあり、コーヒーの香ばしい香りがかおり。そのときの私にとっては、背伸びしたような空間でした。店内には笑いながら話をする人もいました。私はその頃『ジョジョの奇妙な冒険』(集英社)が好きで。イラストが大きく印刷されたトートバッグを持っていたのですが、笑っている人のことが少し気になって、「これのこと笑っているのかな」といいました。「そんなことないよ」と父はいいました。

ウェイトレスの方は、まず父が注文した苺の「ショートケーキ」とコーヒーを、その次に私が注文した「タマゴサンド」と「コーンスープ」の順で運んできてくださりました。なんか選んだものが反対みたいですね。テーブルに運ばれてくるまでのあいだは、父がすすめる『風の詩』[4]を手にとって読みました。父は、「あと何十年かしたらきっと誰かとこの席に座るのかな。メニューに苺のショートケーキがあったなら、お父さんのことも思い出してね」といっていました。

いまメニューを開いたら苺のショートケーキがあり、あのときの父の姿が浮かび上がりました。

1 【銀座ウエスト 本店】昭和22年（1947）にレストランとして創業。以来、銀座の人々、銀座にくる人々にずっと愛され続けている。コーンスープも美味しい。

2 【全部で52席】和田誠[2-1]の『銀座界隈ドキドキの日々』でも銀座ウエスト 本店の記述がある。ライトパブリシティ[2-2]で働いていた和田誠が寺山修司[2-3]とお茶をする場面、2人は52席のなかのどこの席に座ったのだろう。和田誠もショートケーキをきっと注文したと信じている。和田誠の作品を見ていると、楽しんで仕事をしていたことが伝わってくる。ここでもドキドキしながら打ち合わせをしていたのではないだろうか。

2-1 【和田誠】１９３６〜２０１９年。イラストレーター。『週刊文春』の表紙を40年間担当していた。

2-2 【ライトパブリシティ】昭和26年（１９５１）に、日本工房[2-2-1]のメンバーだった信田富夫が中心となって立ち上げた広告デザイン専門会社。デザイン専門というのは当時まだ珍しく、草分け的存在だった。和田誠が入社した時代は事務所が銀座ウエスト 本店の近くのニューギンザビルにあった。創業以来、優秀な人材を輩出し続けている。そのなかには細谷巖[2-2-2]、服部一成[2-2-3]、ホンマタカシ[2-2-4]らがいる。現在は杉山恒太郎[2-2-5]が代表取締役社長を務めている。ライトパブリシティのこういった方々も、おそらく銀座ウエスト 本店へ一度は行ったことがあるのだろうな。そのときショートケーキを食べたのかな。

2-3 【寺山修司】１９３５〜１９８３年。劇作家、詩人。代表作に『書を捨てよ、町へ出よう』がある。

2-2-1 【日本工房】対外宣伝誌を制作していた日本工房だが、その事務所は昭和14年（１９３９）から「国際報道工芸株式会社」と名前を変えて、森岡書店のある鈴木ビルに入居していた。

2-2-2 【細谷巖】１９３５年生まれ。アートディレクター、グラフィックデザイナー。代表作にカロリーメイト、キユーピーマヨネーズの広告シリーズがある。世界デザイン会議の『び』というカタログと、美術出版社の『日本のかたち』は必見だ。

2-2-3 【服部一成】１９６４年生まれ。アートディレクター、グラフィックデザイナー。私の全くの思い込みだが、服部一成さんのデザインは、平面性に特徴があるのではないかと思っている。それは、日本語というのは漢字、ひらがな、カタカナ、アルファベット、数字というかたちの違う文字を多用することからなるが、それらに統一性を持たせることにあるのではないかと考えている。このようなことを一度ご本人に質問したことがある。

2-2-4 【ホンマタカシ】１９６２年生まれ。写真家。第24回木村伊兵衛写真賞受賞。代表作に『TOKYO SUBURBIA』、ル・

コルビュジエ建築の窓をとらえた『Looking Through / Le Corbusier Windows』がある。

2-2-5 【杉山恒太郎】１９４８年生まれ。クリエイティブディレクター。コピーの代表作として、小学館「ピッカピカの一年生」、セブン・イレブンの「セブンイレブンいい気分」など。近著に光文社新書の『広告の仕事 広告と社会、希望について』がある。

3 【『ジョジョの奇妙な冒険』】荒木飛呂彦 著、集英社、１９８７年〜連載中。

4 【『風の詩』】銀座ウエストが刊行する詩集。一般公募のなかから選ばれる。「生活の詩」をテーマに創業時から続いている。本稿はもともと『風の詩』に投稿するために書かれた。

# 新宿が好きになる理由

タカノフルーツパーラー新宿本店

新宿駅東口。ここは運命の別れ道。正面には、新宿アルタの大型ビジョン。東京近郊に住むほとんどの人は、降り立ったことがあるのではないでしょうか。ここは私のようなショートケーキを愛するものにとって、大きな別れ道。駅を出て、右に進路をとるのか、左に進路をとるのか。

「今日はフルーツの苺を思う存分味わいたい気分なの、私」。そんなあなたは右に進路をとってください。タカノフルーツパーラー新宿本店のショートケーキをいただきましょう。新宿代表のショートケーキを。

エレベーターにのって、建物5階へ。そこは明るくて広々とした空間。強すぎない白を基調とした内装は、まるで生クリームのなかにいるよう。この私が苺になったかのような気分を味わえます。まだ見ぬショートケーキに高まる鼓動。鼓動は新宿の超高層ビル街をも、揺らしているかのようだ。

思わず

「ショートケーキっていってみろ！」[1]

と、小声で口にしてみました。友川カズキさんの『生きてるって言ってみろ』[2]にのせて。

街が見渡せる窓側の席が好みです。といってもここは新宿、連なる昭和時代のようなビルディング。今日はクリスマスイブ。この時季限定「苺のダブルショートケーキ」を注文します。

運ばれてきました。ひと目見て、お高い。何が？　レングスが。日本一高い気がします。高さ17チセンはありましょうか。そして見よ。かたちを見よ！　ケーキのかたちは何ですか。台形なのですよ。あたかも新宿の、ビルの土地のかたちのよう。その台形にのる頂点の苺。今日はサンタの表情が描かれています。たれたチョコレートの瞳で迎えてくれました。

　さて、タカノのケーキはナイフとフォークでいただきます。最初は少しとまどう、クリームの厚さ。たっぷりとした厚み。このケーキはその高さゆえに側面が広い。面[3]で倒すか、点で刺すか。一点突破[4]、全面展開！　まずはひと口。やわらかなスポンジとクリームをちょっとだけ。甘い優しさに触れたら、次に大きな苺を口に入れてみましょう。少し大きいなと思ったら、苺は6×4センチもあるんですよ！　思わず測ってみました。食べやすく絶妙にカットされてもいます。人の悦びにはいくつかの種類がありますが、苺を食む悦びというのも、ひとつあるでしょう。口のなかで苺を食む悦び。食べ物に主役と脇役があるのなら、このケーキの主役はあくまでも苺なのです。スポンジにできたくぼみは、この苺がどれだけ大きかったかということを証明しています。

　気がつくと口についていたクリーム。拭く必要はありません。恐れないで。我々は許されているのだから。

店内にオルゴール調の『戦場のメリークリスマス』[5]が流れてきました。ショートケーキにはこの曲がよく似合います。どちらもどこか、悲しみがあると思うのです。日本のショートケーキは、ヨーロッパ、アメリカに憧れた人たちが、たとえかなわなくても勉強し、解釈し、かたちを変えて、いまここに出現しているもの。そのなかに日本の食文化の洗練を感じます。

新宿高野は明治18年（1885）、新宿に果物屋として創業。フルーツパーラーをはじめたのは大正15年（1926）のこと。当時は紀伊國屋書店で本を買い、中村屋でカレーを食べ、タカノフルーツパーラーでお茶をする。そんな休日の過ごし方が流行っていたそうです。新宿のすごいところは、いまでもこの3軒を巡ることができること。大正時代の人が憧れた時間と味を、味わえるのです。

ダブルショートケーキは大きいので、2人で1個がおすすめです。作り手の方は「これぐらい高くしたい」と思ったのでしょう。なぜなら、フレッシュな苺を存分に食べてほしいから。それがタカノフルーツパーラーの願いだから。

1 【友川カズキ】１９５０年生まれ。「詩人・歌手・画家・競輪愛好家・エッセイスト・俳優・酒豪・表現者。」（ＨＰより抜粋）。ギターの弦が切れるほど激しく強く歌唱する。『&Premium』の「チャーミングなひと。」特集で、友川カズキさんが挙げられていたと記憶している。

2 【『生きてるって言ってみろ』】友川カズキ、１９７７年。友川さんが歌う『夜へ急ぐ人』もすごくいい。

3 【面で倒すか、点で刺すか】著者座右の銘で、もともとは写真家の北島敬三さんの言葉。トークイベントで聞き、以来こころにとめている。展覧会の在り方とは、面で倒すか、点で刺すか、そのどちらかだろう。

4 【一点突破、全面展開】石神井書林の内堀弘さんの言葉。内堀さんの著書『ボン書店の幻 モダニズム出版社の光と影』は、まさに一点突破、全面展開で臨んだ、小さな出版社の話。

5 【『戦場のメリークリスマス』】（『Merry Christmas Mr.Lawrence』）坂本龍一、１９８３年。『戦場のメリークリスマス』を地元の山形県寒河江市にあった寒河江映画館にて、学校行事で鑑賞。中学生だった当時、内容についてはわからない部分もあったが、音楽が心に残った。

# 新宿駅東口のまぼろし

自家焙煎珈琲　凡

高校2年生の夏に、新宿駅に降り立った私は、こう思いました。「ここがあの新宿か……」。

私は山形県寒河江市で生まれました。最寄り駅の寒河江駅に貼られていたのが、都庁[1]の屋上でジュリアナ東京[2]のように踊るお姉さんたちの招致ポスターでした。そのポスターは、JRが制作していたものと思われます。「これがいまの東京です」というデザインだったのでしょう。そのイメージがいつの間にか刷り込まれていたのかもしれません。次第に「俺も行ってみたい東京都庁に」

と思うようになったのです。その90年代はじめにすでにこの街にあった、新宿駅東口の凡。

新宿駅東口、ここは運命の別れ道。今日は、左に進路をとってみましょう。そうすると見えてくるのは、力強い手書き文字がのる木の看板。「珈琲 凡」「自家焙煎珈琲」。たくさんの看板のある新宿駅東口にあって、全く動じません。階段を下りて地下へ。

店内の照明は落ち着いていて、クラシックが静かに流れています。花瓶に活けられた花、小さな本棚、ダイヤル式の公衆電話、灯り。そしてクラシック音楽に不思議と合う、豆を扱うジャッというい い音。ゆっくりと店内を見渡すと、店主の方の思いやこころ遣いがそこここに感じられます。つやのある木のカウンターには、ポットが整然と並んでいます。出番を待っている白くすべらかなポットは、ラインダンスをしているよう。その奥の棚には、カップ&ソーサーが１５００客あるといいます。

私は迷わずショートケーキとブレンドを注文します。限[3]定数のショートケーキ。こうしてようやくショートケーキを待つ時間が訪れました。ショートケーキを待ったことがありますか？　待ち構えたことが。

そして……そのときがきました。ダダーン！[4]（『フィガロの結婚』の曲とともに登場）

氷壁。雪山を思わせる……生クリーム。凡のショートケーキの側面は、雪山の壁のようです。もし、人を伸縮自在にできる機械が発明されたなら、私は小さくなってこの壁を登ってみたい。正面の生クリームをときおりペロペロなめながら登るのです。

凡のショートケーキは生クリームが追ってこないのです。すぐミルクに変わって行くような口どけ。試しに目を閉じると、まるで上質な牛肉のよう。口に含んだブレンドとすごく合います。コンビネーションがすばらしい。珈琲のための生クリームであり、生クリームのための苺。低層の茶色のスポンジに染みた蜜もいい。苺のソースも手作りなのだそう。想像してみてください。甘み苦み酸味の一連の流れを。

このケーキは「まぼろしのショートケーキ」と呼ばれることがあります。まぼろしって何？　ところで。

まぼろし【幻】

①実在しないのにその姿が実在するように見えるもの。幻影。

はかないもの、きわめて手に入れにくいもののたとえ。

――『広辞苑 第七版』（岩波書店）

今日このケーキを食べられるのは、ほんのひと握りの人だけ。もしかしたら、これが選んでいるようで、実は、選ばれている。そしてふとこうも思う。私にはこのケーキを食べる資格があるのだろうか、その末席に座っていいものだろうか。と。

高2の夏、都庁の造形を見た私は、腰を抜かすような恰好になっていました。思った以上に窓がキラキラしていて「未来だな」と思ったのです。あれから30年のときが経ち、未来の私は凡のショートケーキを前に『フィガロの結婚』を

## 聞きながら、小さく指揮をとっています。

1 【都庁】平成3年（1991）竣工の東京都新庁舎。丹下健三設計。丹下の建築は、真俯瞰で見ることを前提として作られていると思う。関口の東京カテドラル聖マリア大聖堂は、真上から見ると建物が十字架になっている。実際に、真俯瞰で鑑賞されることはほとんどないだろう。あるとしたら、見られるとしたら唯一、神だろうか。神に向けて丹下は建築をデザインしている可能性があると、私は解釈している。高2の夏に見上げた都庁を真俯瞰の図面で見直してみると、正方形のかたちが整然と5つ並んでいることがはっきりとわかり感動した。

2 【ジュリアナ東京】90年代初頭、東京都港区芝浦にあったディスコ。当時一世を風靡した。羽つき扇子を振りながら、お立ち台の上で若者たちが踊り明かした。私は2度行ったことがある。夜の田町駅。大人気だったDJジョン・ロビンソン。ボディコン。バブル時代の一端に触れ、その息吹の末席に座ったかもしれない。垣間見たバブル。

3 【限定数のショートケーキ】店主が小学生の頃に食べた思い出の味を再現したショートケーキ。無添加で、上質な生クリームを使用しているため、数が限られている。

4 【『フィガロの結婚』】モーツァルト、1785〜86年。浮気した伯爵を、伯爵夫人はじめ、召使フィガロらがとっちめるという話の歌劇。

# いい時間とは

パティスリーアラボンヌー　赤坂本店

「ala bonne heure」とは、フランス語で、「いい時間を過ごしてください」という意味です。いい時間にはいくつもの種類がありますが、そのなかでも、ショートケーキをいただく時間には、他のいい時間と比較しても、特筆すべきものがあります。例えば、パティスリーアラボンヌー　赤坂本店にショートケーキを買いに行く場合、普段から丸ノ内線を利用している私は、まず赤坂見附駅で降りて、一ツ木通りを左手の方に向かって歩きます。その間、どんなことを考えているかというと、「今日はどんなフルーツのショートケーキが並んでいる

のかしら」。赤坂見附駅からアラボンヌーまでは、徒歩8分ほどですが、もしその〝数分間〟に名前をつけるなら、私はまさに「アラボンヌー」と回答します。

アラボンヌーは赤いテントに白い壁。金のドアノブを押してなかに入ると、季節ごとのショートケーキが目に入ってきます。今日は、「イチジクのショートケーキ」が並んでいました。しばしショートケーキと見つめ合う時間が訪れます。プレートには、「旬のイチジクたっぷりのサンド。アールグレイの茶葉からシロップを作ったほんのりベルガモットの香るショートケーキ」と書いてあり、それを読んだ私はこう思いました。「イチジクはいまが旬なのだ」。自ずと期待が高まります。この場所でこの解説を読んだ人はみんな幸せです。ああ、もうすぐイチジクのショートケーキを掌中におさめられる。そのように思える瞬間もいい時間のひとつですね。

実は、その隣には、「ぶどうのショートケーキ」のプレートもありました。でも、ぶどうのショートケーキは見当たりません。お店の方に訊いてみると、直前に完売したとのこと。ちょっとの差だったのです。私とのご縁は。プレートに次のように書いてあります。「ふわふわのスポンジに甘さ控えめの北海道産生クリーム。ビオーネをたっぷりサンドした。季節限定商品」。ビオーネ品種のぶどうが大好きな私は「できればこちらも味わってみたかった」とこころのなかでいいました。でも売り切れてしまったからには仕方ありません。スパッと諦めて、そして「またこよう」と気持ちを切り替えました。まだ見ぬぶどうのショートケーキを思う時間もいい時間です。

イチジクのショートケーキを箱に詰めていただいた私は、赤坂見附駅までまた歩きます。そのとき、何を思い出していたかといえば、フランス人写真家のジャック＝アンリ・ラルティーグ[1]の『幸せの瞬間をつかまえて』（コンタクト）という写真集でした。私はラルティーグの写真がすごく好きで、その特徴を、人がするあらゆる〝動詞〟を楽しんでいた人と捉えています。飛ぶ、走る、滑る、泳ぐ、着る、などなど。ショートケーキのまわりにある時間と似ているなと思います。見る、買う、持ち帰る、開ける、食べる……。

そういえばショートケーキの箱を開けるという時間は、テイクアウトの場合

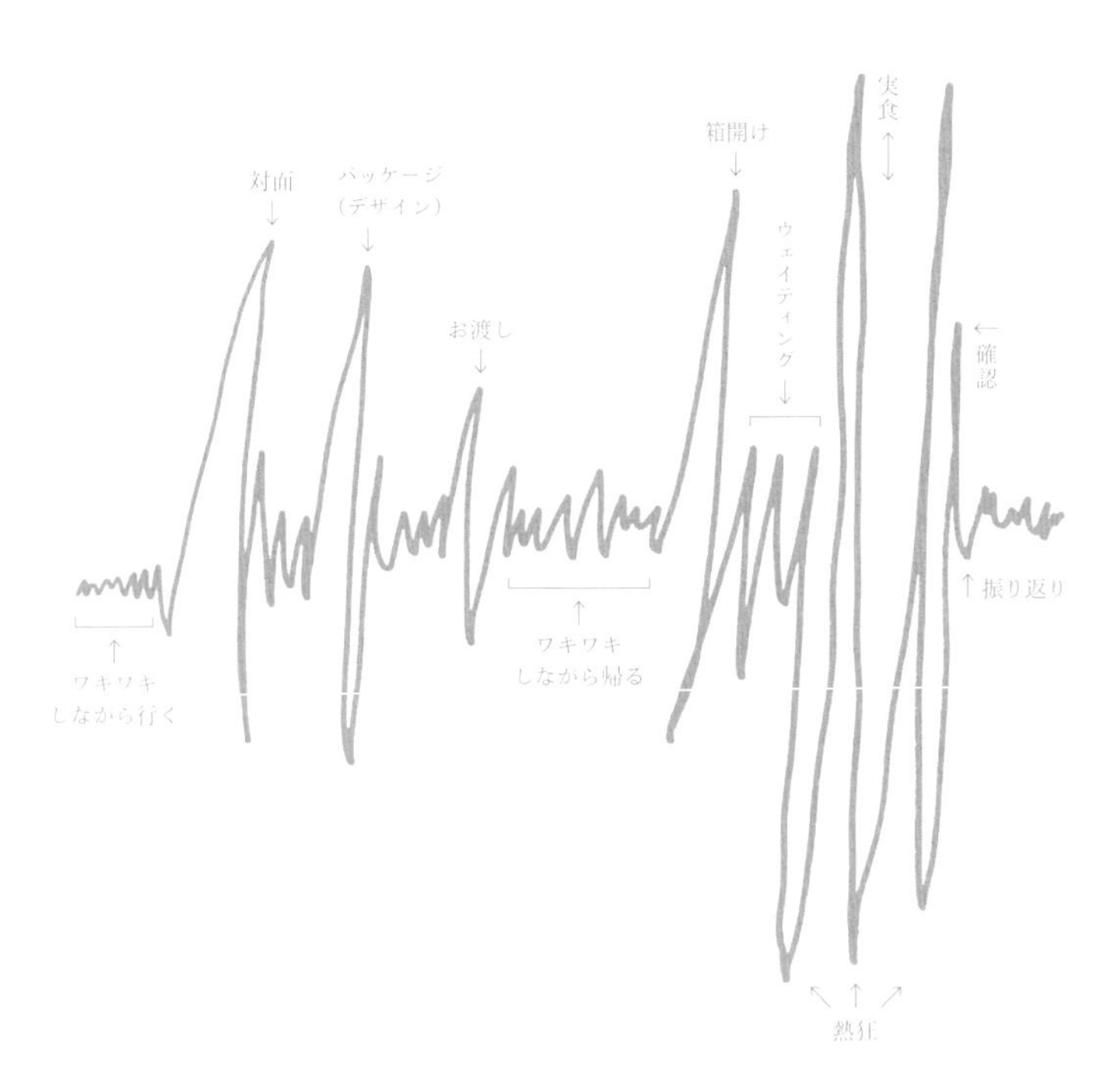
ワキワキ
しながら行く
対面
パッケージ
(デザイン)
お渡し
ワキワキ
しながら帰る
箱開け
ウェイティング
実食
確認
振り返り
熱狂

だけに許された、いい時間です。ワキワキしながら帰ってきてショートケーキを食べるというのは、その後のわずか10口ほどの出来事。時間にしたら10分もないかもしれません。でも、その10口ほどとともにある悦び。自分ひとりで食べるとき、誰かと食べるとき、いずれにしても、幸福な時間を過ごしたいと思うところからはじまる何ごとか。イチジクのショートケーキが導いてくれるのは、そのような時間の広がりなのかもしれません。そしてそれは、懐かしい体験でいて、新しい体験でもありました。[2]

季節は巡ります。3月のある日、アラボンヌーの店頭に足を運んだ私が対面したのは「いちごのショート」でした。そのとき私は、ちょうど、赤いニットに白いシャツを着ていたので、まるでいちごのショートとペアルックのような感じになりました。いちごのショートを箱に詰めていただいた私は、赤坂見附駅までまた歩きます。そのとき、何を思い出していたかといえば、往年のコピーライター眞木準[3]が伊勢丹の広告として作った「恋が着せ、愛が脱がせる。」という言葉。私は苺のショートケーキを愛しているのだから、いつか脱がされたいものです。私って馬鹿ですね。

1　【ジャック＝アンリ・ラルティーグの『幸せの瞬間をつかまえて』】コンタクト、２０１６年。展覧会の図録。

2　【ワキワキ】両腕を腋につけたり離したりを繰り返す動作のこと。ワキワキ＞ワクワク。

3　【眞木準】１９４８〜２００９年。コピーライター。「恋を何年、休んでますか。」など数多くの秀逸なコピーを遺した。引用したコピーのもとになったのは「バレンタイン一行ラブレター」という企画で考えた「恋を食べて愛を返して」。

# 果てない夢

資生堂パーラー

では今日も資生堂パーラーのショートケーキを食べてみたいと思います。今日はテイクアウトにて。資生堂パーラーは明治35年（1902）創業。ということは令和4年（2022）で120周年ですね！　120年の長きにわたってずっと人々と悦びをともにしてきました。ちなみに白洲次郎[1]や小林秀雄[2]が同じ年に生まれたようです。

仲條正義[3]さんがデザインしたパッケージがいいですよね。資生堂パーラーは

銀座8丁目にあるから、パッケージに「8」という数字が描いてあります。ショッパーには資生堂の「S」のマークも入っています。ブルーと黒と白のとり合わせ。仲條さんのデザインの代表作なのではないでしょうか。あまりに好きすぎて、パッケージを模写したことがあります。その経緯から、次のように思いました。「仲條さんは、数字の8を描くことに持てる力のすべてを投入していた」と。

ではそのパッケージを開けてみましょう。出るとわかっていても、嬉しいものですショートケーキ。見てくださいこのサイズ。やっぱりね、これぐらい小さくていいということです。多くを求めない。何センチでしょうか。3[4]×7センチくらいじゃないかなぁ。ということは、七三で分けている。私もかつては七三分けでした。

ショートケーキってね、ひとつとして同じかたちのものがありません。資生堂パーラーのショートケーキには、苺にほんの少しシロップがのっています。苺の配置に作り手の気持ちが表れています。真ん中に切っていないものが1個あって、両脇にカットされているものが置かれています。側面には、苺の円形部分が配置されています。夏場になると、上の苺はカットされません。スポンジは2層になっています。

さぁ、食べてみよう。いつもの銀のスプーンで。特筆すべきは、スポンジがベルベットの絨毯のようにふかふかということです。あの上を歩いているような感覚ですよ。ベルベットの絨毯を食べたことがありますか？　といいたくなるくらい。消え行く生クリームとスポンジは、美味しいショートケーキの条件が何かということを教えてくれます。あたかも牛肉のような質感。目を閉じていただくと高級な牛肉。松阪、神戸、米沢、葉山あたり。そういうものに近いのではないかなと思っています。そうたくさん食べてはいませんが。

ショートケーキは生クリームとスポンジと苺の組み合わせです。この3つしかないからこそ、そこに醍醐味があります。資生堂パーラーのショートケーキをいただく度にそのことを思います。単純なのに複雑という。

お誕生日には資生堂パーラーのホールのショートケーキもすごくおすすめです。資生堂の特徴を「品の良いアヴァンギャルド」ということがありますが、資生堂パーラーのホールのショートケーキはそれを体現しているようです。

以前、資生堂パーラーの銀座本店サロン・ド・カフェでいただいたときには、カーペンターズの『Close to You』がかかっていました。ピアノバージョンで。1970年の曲で邦題だと『遥かなる影』[5]。それが空間とショートケーキに合っていました。私はそのとき紅茶を飲んでいまして、雨も降っていて。贅沢したと思いました。でもそれは、2000円くらいと交換に手に入れられる贅沢なのです。

ショートケーキの「short」ってサクサクするっていう意味もあるのだそうです。全然サクサクしていなくて、むしろふわふわなんですけれども。100年くらい前に、サクサクよりもふわふわの方が美味しいって思った人がきっといたんではないかなと私は思っています。私は、今日の苺と生クリームによる日本式ショートケーキの起源は、大正12年（1923）に写された店内の写真から、資生堂パーラーにあると考えています（112ページ「日本型ショートケーキの誕生」参照）。さて真相はどうでしょうか。

ありがとうございました。ではですね、これで今日は「ショートケーキを食べる」を終わりにします。資生堂パーラーはここでずっと人々の悦びや希望に寄り添ってきました。その傍らには、いつもショートケーキもあったということでしょう。

※本稿は、インスタライブとして2022年3月に配信された動画を書き起こしたものです。動画は著者の意向によりすでに削除されています。

1 【白洲次郎】1902〜1985年。日本で最初にジーパンを穿いたといわれている。

2 【小林秀雄】1902〜1983年。評論家。「無常という事」が、近代日本のなかで最もすばらしい散文だといわれる向きもあるが、その通りのような気がする。

3 【仲條正義】1933〜2021年。グラフィックデザイナー。森岡書店から近く、通勤の動線上にある松屋銀座のエレベーターボタン「8」を見ると、仲條さんのことを思い出す。仲條さんのデザインだなと。晩年少しだけ接点を持たせていただいた程度で何かいえる立場ではないが、言葉遣いや服装など、自分もこのようになりたいと思ったものだった。「品の良いアヴァンギャルド」といういい方があるけれど、仲條さんこそ、この言葉がぴったりだと思う。

4 【3×7センチくらいじゃないかなぁ】実際のサイズは縦5センチ×横8センチ×高さ8センチ

5 【『遥かなる影』】(『Close to You』)カーペンターズ、1970年。

# ショートケーキがなくても

銀座千疋屋

銀座千疋屋といえば、包装紙を思い浮かべる人も多いでしょう。エメラルドのような鮮やかな色合いと、赤いお花の絵が印象に残りますよね。この「バラ柄の包装紙」は昭和22年（1947）に開設した銀座5丁目の店舗で考案されたものだそうです。昭和22年は、まだ戦後復興がはじまったばかりだったんじゃないかな。人々の希望になるような包装紙になったと思う。

銀座千疋屋の「苺ショートケーキ」は12月頃から店頭に並びます。今日はテイクアウトにて購入しました。バックミュージックには、モーツァルトの『20[1]

ましょう。

番第一楽章』をかけてみました。はやる気持ちを抑え、パッケージを開けてみ

ショートケーキの高さは、目測ではありますが、12〜3チセンくらい。クリーム のなかには苺の丸い断面。苺の味と食感ってこういうことだったなぁと思い出させてくれます。みずみずしくて圧倒的に新鮮。だからサクッと切れるのでしょうか。フォークを差し入れると切れる。夢中で食べていてもケーキの断面がきれい。ショートケーキを底辺で支えるもの。銀座千疋屋の場合は銀紙ですね。銀紙とショートケーキはなぜか似合う。

令和4年(2022)7月28日(木)午後、この季節限定の「ピーチショートケーキ」をいただこうと思った私は、銀座5丁目、晴海通りの銀座本店フルーツパーラーへの階段を登りました。銀座千疋屋の階段には、やわらかな曲線の手すりがあり、私は、それを見るのも好きです。そのことを嬉しく思いながら、階段を25段上がると、この日は、ホワイトボードに、「ピーチショートケーキは完売」という文字が書いてありました。その表示を見たとき、私は「やはり」

と思いました。この日、銀座千疋屋のショートケーキをここで食べたいと希望した人は、いったい何人いたというのでしょうか。この文字は、すでにその人々がここで幸福を味わったということを証明していました。

通されたのは、窓際の席でした。この席が空いていたのは幸運です。午後の安定した光のもと、晴海通りの往来を見ながら、デザートをいただけるのですから。私は別のスイーツに気持ちを切り替えていました。そして、メニューを開いて、次のようにいいました。

「フルーツサンドをお願いします」

ショートケーキもあるけれど。「フルーツサンド」も大好きです。本当はメニューを開く必要などなかったのです。ピーチショートケーキがないとわかったとき、私のこころは決まっていました。柔軟に自分の気持ちを切り替えることができていたのです。なぜ。

かつてニューデリーから帰国したとき、あるいは北京から帰国したとき、はたまたニューヨークから帰国したとき、私は、空港のゲートを跨いではこう思ったものでした。「銀座千疋屋のフルーツサンドが食べたい」。いや正確にいうなら、「銀座千疋屋のフルーツサンドを銀座千疋屋のコーヒーと一緒に食べたい」と。1回だけではありません。2回でもなく3回にもわたって。これはいったいどういうことなのでしょうか。と考えて思いついたのは、おにぎりとお味噌汁が日本の味なら、フルーツサンドとコーヒーは東京の味なのではないかという仮説。仮説というのは、私は山形生まれなので、30年は東京に住んでいますが、はっきり断定するのはちょっと違うような気がします。

ただ、これだけは、いわせてください。銀座千疋屋のコーヒーはフルーツサンドに合うようにブレンドされている。完全な思い込みではありますが、そう考えると、空港であのように思ったことも、どうして、ショートケーキとコーヒーではなく、フルーツサンドとコーヒーだったかにも頷くことができるのです。

そもそも、銀座千疋屋は、明治27年（1894）に日本橋の千疋屋総本店から暖簾分けを受け創業しました。「数を求めず、質を尊ぶ」というのが創業からの変わらない銀座千疋屋の方針です。[2]『800日間銀座一周』（文春文庫）という銀座についてのエッセイを書いた際、昭和8年（1933）のある一日の銀座を、もし私が散策することができたらどうするか、という章を設けました。そこで私は銀座千疋屋の店頭で、浜松から届いたばかりのマスクメロンを手土産に購入したりしました。銀座の手土産はたくさんあるけれど、丹精込めて栽培されて新鮮でみずみずしい果物は、贈ってもらっても嬉しいです。

今日、私は、銀座千疋屋のピーチショートケーキを口にすることはできませんでした。当初の願いは叶わなかったわけですが、いまこうして目の前に、フルーツサンドとコーヒーが運ばれてきたのだからもう未練はありません。ここで今日、ピーチショートケーキを味わった人々と同じように私もこれから幸福を享受させていただきます。「GINZA SEMBIKIYA」のレトロで若干下の方に重心がある書体が印字されているナプキンで、口についた生クリームを拭きながら。

1 【『20番第一楽章』】『ピアノ協奏曲 第20番 ニ短調』モーツァルト、1785年。神田の古書店一誠堂書店に就職し、神楽坂に住んでいた頃、小林秀雄の随筆を読む際によく聞いていた。

2 【『800日間銀座一周』】森岡督行 著、文春文庫、2022年。

# パリと新橋と新幹線

巴裡　小川軒　新橋店

巴裡　小川軒　新橋店がある新橋駅前ビルは、昭和41年（1966）に竣工しました。当時、すでに東海道新幹線が開通していたので、東京から新大阪方面に向かうときは、進行方向左側に、新大阪から東京に向かうときは、進行方向右側に、この建築がはっきり見えたでしょう。設計したのは佐藤武夫[1]。きっと新橋の新しい顔として建てられたのではないかな。いまでもこのビルに一歩足を踏み入れると、その当時の人々が感じた未来の東京を見ることができます。巴裡　小川軒　新橋店は、竣工当時から場所を変えながらも、ずっとこのビル内に

あります。

巴裡 小川軒といえば、「レイズン・ウィッチ」を押す声があります。私も、あのパリサクの食感が大好きです。すでに何人もの人がパリサクの食感に言及していますが、繰り返しいうことにも意味があります。なぜなら、巴裡 小川軒のショートケーキはふわっとシットリ。この2つはいわば、両極構造になっていると見てとることができるのです。

ところで、普通、パリを漢字にするときは「巴里」となりますが、小川軒の場合は「巴裡」。里に衣偏がつきます。これをどう考えたらよいのか。もしかしたら、里だと、ちょっと田舎な感じがするのかな。パリはどう考えても花の都なのだから、きれいな衣装を着て外に出たくなったのかも。

今日は併設の新橋店サロン・ド・テでいただきましょう。ドリップコーヒーと「苺のショートケーキ」が運ばれてきました。小川軒のケーキはサイズが少し小さい。ショートケーキはこれくらいの大きさがちょうどいいという見解が示されています。私は、その意見に大賛成です。苺が横になっているのも小川軒のショートケーキの特徴でしょう。忘れていけないのは、その上に一滴のシロップがのっているということ。涙のように。上質な生クリームと一緒に。

食べてみよう。クリームがとけて、スポンジもとけて行く。一線越えて行く。そしてこのきちっとした三角形。三角形はショートケーキの代名詞だけれども、改めてそれを伝えてくれます。時間に耐えて得られた経験値。情熱、愛情。少しでも美味しく味わってほしいと考えたときのサイズとかたち。

先日、おもしろい体験をしました。新橋店サロン・ド・テでいつものようにショートケーキをいただいた後、新橋駅に向かう途中、東海道新幹線が頭上の線路を走っているのを見た私は、こう思いました。「小川軒のショートケーキを食べた後に東海道新幹線を見た人は何人もいるだろう。しかし、東海道新幹線のなかで小川軒のショートケーキを食べながら新橋駅を通過した人はいるだろうか」と。そしてその答えはおそらく「ノー」。

こうなったからには、まず私がチャレンジしたい。巴裡　小川軒　新橋店に引き返して、改めてショートケーキを求めた私は、東京駅に向かいました。そして品川駅までの乗車券と特急券を購入して、のぞみ237号新大阪行きに乗車したのです。こうして新橋駅を通過しながらショートケーキをいただいてみました。チラッと、時間にするとほんの2秒くらいですが、新橋駅前ビルが見えました。私は、そのタイミングを逃さずにショートケーキを口にしました。この瞬間私は次のように思いました。「かたちが！　このビルはケーキのかたちをしている？　ケーキのなかでケーキを食べていたのです、私」と。

1　【佐藤武夫】1899〜1972年。建築家。日光東照宮の「鳴竜現象」を調査し、その構造を科学的に解明した。

# ウェイトレスの方のしぐさから

成城アルプス

成城アルプスでは2階のサロンに腰を落ち着けたいものです。2階の壁には、エッフェル塔[1]と女性の絵画がかけてあります。もちろん東郷青児[2]が描いた作品で、成城アルプスの包装紙や箱にもなっています。この女性が誰かは知りませんが、画家が女性を描く心理とはどういうものでしょうか。特に日本人である東郷青児がパリで西洋の描き方で女性を描くとき。才能豊かな他の画家との違いをどう見せるのか。そもそも描く動機とは。

この絵の特徴は、耳元のピアスかイヤリングが大きくはっきり描かれていることにあります。緑だからエメラルドかな。エメラルドは5月の誕生石。この絵の中心のようにさえ見えてきます。まあ、完全な私の思い込みではありますが、ひとりの人を愛したあかしとして、東郷青児がプレゼントしたのではないだろうか。その心境が絵画に反映されていると。おそらく、東郷青児はこの女性を愛していた。

いずれにしても、まずは、着席してショートケーキと紅茶を注文しましょう。成城アルプスのショートケーキは直角三角形です。ショートケーキにしては珍しいかたち。2層のスポンジ。少し色白のスポンジ。それがミルクポットやシュガーポットの銀器と調和して高貴なイメージが広がります。スポンジには厚みがあります。硬めでしっかりしていて、油分も少なめ。このスポンジだからこそ紅茶との相性がいい。「マリアージュ」という言葉がありますが、いまなら、この言葉を使っても許されそうです。マリアージュはフランス語で「結婚」という意味。結婚の二文字が見えてきました。ショートケーキと紅茶。サロンはいま、人々の会話を交わす声に包まれています。試しに私もひとり「マリアージュ」といってみました。そして次のようなイメージがまた広がりました。
東郷青児もきっとここに腰を下ろしたことがあっただろう。そのとき、もし絵画の女性と一緒だったら、どういう気持ちだっただろうか。おそらくそれは5月のある日。女性は嬉しかっただろうし、東郷青児は誇らしかった。この絵に込められた、悦ばせたいという想いがその席にもあった。そしてそれが成城アルプスのもの作りのすみずみに伝わっている。だから成城アルプスは多くの人々から支持されるスイーツを生み出し続けることができる。そんな風に考えるとこの絵画がシンボルになっていることにも頷ける。

白状します。以前、伊豆で取材があって、その帰りにメンバーと一緒に自動車で東名高速道路を走っていたとき、突如、成城アルプスの「アップルパイ」を食べたくなった私は、ひとり、成城付近で下車したのです。そして成城アルプスに向かって歩いたこともあったのです。ショートケーキは好きですが、アップルパイも好きなのです。ショートケーキをいただきつつも、頭の片隅にアップルパイがありました。強欲な私を許してください。

実はお願いがあります。成城アルプスでは「アップルパイ」も食べたい。「アップルパイ」も食べたい。いま2回いいました。パイのカリシットリとした食感とシナモンの香り。アップルの酸味と甘み。これらとコーヒーの苦みと香りが重なります。サロンでは音楽がかかっていないけれども、成城アルプスのショートケーキがスポンジを中心とした協奏曲なら。成城アルプスのアップルパイはパイを中心にした協奏曲。なんて。

ショートケーキの最後のひと口を口にした私は、「SEIJO ALPES」の文字が端正に印字されたナプキンで口を拭きました。

さてそろそろおいとましましょう。階段に向かうとき、ウェイトレスの方に「あの絵の女性は誰ですか」と聞いてみました。すると「わかりません」という返答。でも同時に、そのしぐさを見た私はこう思いました。もしかしたら、答えは、いま成城アルプスにいるすべての女性なのかもしれない。成城アルプスのお菓子に愛され、成城アルプスのお菓子を愛した女性として。

1　【エッフェル塔と女性の絵画がかけてあります】エッフェル塔を背景に、繊細なタッチで描かれた美しい女性。絵の片隅には「パリ、コンコルド広場 青児」と記されている。

2　【東郷青児】1897～1978年。洋画家。「大衆に愛されるわかりやすい芸術」を生涯の目標とした。東郷の美人画は、モンブラン、タカセなど多くの洋菓子店の包み紙に描かれている。

## 。ショートケーキのルーツ。

ショートケーキの「ショート」は、英単語の「Short」が意味するところの「サクサクした」、すなわち「砕けやすい」からきているという説があります。ショートケーキは本来、スコットランドの「ショートブレッド(Shortbread)」というサクサクした生地に、生クリームなどを挟んだようなお菓子であり、だからこそ、ショートケーキと呼ばれていたのだと私は考えています。それが約１００年前に日本に輸入されたとき、「サクサク」より「ふわふわ」が美味しいよね、日本人の口に合うよねと思った人がいた。どこの誰かは定かではありませんが、その人がいてくれたからこそ、ショートケーキは日本独自の進化を遂げて行ったといえます。ショートニングを加えて作るケーキだからという説や、生菓子だから短時間しか持たない、つまりショートタイムしか持たないという意味で、ショートケーキとなったという説もあるようです。[1]

「ショートケーキ」は、やはり名前が素敵です。考えてみると、「ショート」という音の響きが日本語として気持ちがいい。「ショート」「シュート」「キョート」「キュート」。語感がいい。これは実は大きな意味のあることなのではないでしょうか。流れるように引っ掛からない発話。もしこの世に『100年続く名前(日本語版)』という本があったら、ショートケーキは間違いなく入ってくるネーミングでしょう。後世まで残る名前は、そう簡単にあるものではありません。「ショートケイク」ではなく「ショートケーキ」。日本において、すでに100年以上の時間に耐えてきた名前。もちろんお菓子としてのショートケーキはすばらしいですが、名前も日本人の感覚にフィットしていたと考えられます。日本ほど、ショートケーキが生活の節目に浸透している国はないでしょう。

ショートケーキの原型って、いったいどんな姿をしていたのでしょうか？

イギリスで1602年に出版された、シェイクスピア『ウィンザーの陽気な女房たち(The Merry Wives of Windsor)』には、「ショートケーキ(shortcake)」という単語が登場人物の名前として出てきます。調べてみると、昭和9年(1934)刊行の坪内逍遥訳、22ページに、次のようにありました。

「謎の書」？　あれ、お前さま、アリス・ショート・ケークさんへ貸しなすったぢゃないかね、それ、あの、先の衆聖節に、マイケール祭の二週間ばかし前に？

——『ウィンザーの陽気な女房 新修全集シェークスピヤ第十七巻』(中央公論社)

少なくとも、400年くらい前のイギリスには「ショートケーキ」というものが存在していたと考えられます。しかしこの文献では登場人物の名前だけで、具体的なかたちは謎のままです。

17世紀に入る頃、イギリスをはじめとするヨーロッパ諸国は、植民地に大規模な砂糖の生産拠点を持っていました。そして17世紀後半から18世紀にかけて、イギリスの都市で「コーヒー・ハウス」という現在の喫茶店のようなものが大流行します。1700年前後にはロンドンだけで数千軒が営業していたそうです。そこではコーヒーやチョコレート、紅茶が販売されていました。紅茶と砂糖が出合ったのはこのコーヒー・ハウスでと考えられています。[2] もし私がこの時代のロンドンに行くことが可能なら、ぜひコーヒー・ハウスを訪ねてみたいです。もしかしたらメニューには「ショートケーキ」と書かれているかもしれない。それはいったいどんなかたちをしているというのでしょうか。イメージはふくらみますが内実は全く謎のままです。

イギリス伝統のケーキ「ヴィクトリア・サンドイッチ・ケーキ」は、レシピの初出が1861年とはっきりしています。[3] 大英帝国君主、ヴィクトリア女王に愛されたことからこの名がついたともいわれ、[4] 現在もイギリスではアフタヌーンティーには欠かせない定番のお菓子です。2枚のスポンジにラズベリージャムを挟み、飾りつけはなくシンプルで素朴な見た目をしています。ベースとなる小麦粉、バター、砂糖、卵は同量使って作ります。最近ではジャムではなくて生の果物を挟んだりとバリエーション豊富なようです。

このようにショートケーキのレシピが記された最古の文献もきっと世界のどこかにはあるはず。いつかオークションに出た際には私が落札したいものです。そして実際にショートケーキを作ってみたいものです。

この世界にショートケーキが現れたのはいつなのか？　いずれにしても、ショートケーキはこれからも、私たちの時間に寄り添ってくれるでしょう。

・出典・

1　『家庭料理基本・図解』清水桂一 著、銀座クッキングスクール出版局、1961年。

2　『砂糖の世界史』川北稔 著、岩波ジュニア新書、1996年。

3　『ミセス・クロウコムに学ぶ ヴィクトリア朝クッキング 男爵家料理人のレシピ帳』アニー・グレイ／アンドリュー・ハン 著、村上リコ 訳、ホビージャパン、2021年。

4　『増補改訂 イギリス菓子図鑑 お菓子の由来と作り方』羽根則子 著、誠文堂新光社、2019年。

# ショートケーキを許す

帝国ホテル

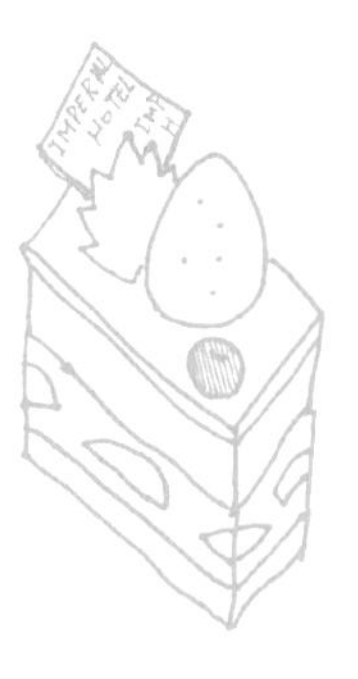


ショートケーキを食べに帝国ホテルに行きましょう。帝国ホテルのショートケーキはどんなでしょう。帝国ホテルには2つのショートケーキがあります。ひとつは本館1階ランデブーラウンジ・バーと、本館17階のバーラウンジ インペリアルラウンジ アクアでいただけるショートケーキ。そして、ホテルショップ ガルガンチュワのショートケーキ。それぞれ、かたちが違います。

本館1階のランデブーラウンジ・バーでショートケーキをいただくのなら、

はじめに大きい苺をいただきましょう。ほんの少し、苺の上にのったジュレが、苺の風味をマイルドにしてくれます。2層のスポンジに、1粒のブルーベリー。もちろんクリームとブレンドコーヒーの相性よく、甘くて苦くて、酸味もあり幸せな気持ちになります。

ランデブーとは「約束」という意味のあるフランス語。ここでショートケーキをいただきたいと思うところからはじまる約束は格別です。どんな約束が交わされるというのでしょうか？　18時からはピアノの生演奏がはじまります。贅沢ですね。ここで聞きたい曲は何でしょう？　「何でも好きなものを演奏してあげるよ」といわれてみたいものです。できることならば、サイモン&ガーファンクルの『フランク・ロイド・ライトに捧げる歌』[1]をピアノで弾いてもらいたいな。というのはもちろん帝国ホテル2代目本館[2]を設計したのがフランク・ロイド・ライト[3]だから。彼が弟子のアントニン・レーモンド[4]と来日したのは大正8年(1919)。フランク・ロイド・ライトも日本のショートケーキを食べたのかな。そもそもショートケーキが日本にあったのかな。

同じく本館17階のインペリアルラウンジ アクアでは、2層のスポンジの違いを愛でましょう。愛でるとは、文字通り、愛するということ。愛するとは何でしょうか。愛するとは許すということ。ショートケーキを許す。深いな。なんて。1層目のスポンジは「やわらかさ」。2層目のスポンジは「ぎっしりさ」。大きな窓からは皇居の緑。中3の修学旅行では、皇居の前で『モルダウ』[5]を合唱し、その後帝国ホテルをスケッチしました。当時何の建物だかわからなかったけれども、「きれい」と思ったことを覚えています。

帝国ホテルは、ショートケーキは、ナイフとフォークでいただくものだということを教えてくれました。ありがとう帝国ホテル。呼び捨てしていいのだろうか。帝国ホテル様。なんて。

ホテルショップ「ガルガンチュワ」の由来は、フランスの作家フランソワ・ラブレー[6]の小説から。美食家で大食漢の王様の名前です。そのためか、ガルガンチュワのショートケーキは、王様の住むお城のようなかたち。3つ並んだ苺の上にはしずくのように生クリームがのり、お城の屋根を思わせます。それでいて風味は細やかです。苺のお城ですよ。私はこのお城に泊まりたい。一泊いくら？　スイートにしてください。いくらでも出してみせます。

ところでスイートルームのスイートは英語表記で「Suite」。特別室、特別な部屋という意味です。私は47歳になるまで「Sweets」。お菓子。そう思っていました。でも、SuiteでSweets食べたら特別な気持ちになるはずですよね。いつかチャレンジしたいです。

1　【『フランク・ロイド・ライトに捧げる歌』】（『So Long, Frank Lloyd Wright』）サイモン＆ガーファンクル、1970年。

2　【帝国ホテル2代目本館】通称「ライト館」とも呼ばれる。昭和42年（1967）に閉館、中央玄関部のみ博物館明治村に移築された。令和3年（2021）には4代目新本館建築計画が発表された（2036年完成予定）。

3　【フランク・ロイド・ライト】1867～1959年。アメリカの建築家。帝国ホテル2代目本館を設計。竣工式の日に関東大震災が発生。大きな揺れに襲われ、まわりの建物は崩れてその後の火災で焦土と化したが、帝国ホテルは無事だった。それを見た人は、「やっぱりライトだね」となっただろう。

4 【アントニン・レーモンド】1888〜1976年。チェコ出身の建築家。代表作に教文館・聖書館ビルや、群馬音楽センターがある。

5 【『モルダウ』】『交響詩「ヴルタヴァ(モルダウ)」』スメタナ、1874年。チェコの作曲家・スメタナの『連作交響詩「わが祖国」』第2曲。モルダウとは、チェコを流れるヴルタヴァ川のドイツ語名。私にとって、修学旅行の思い出の曲。先日皇居前広場で、33年ぶりにひとりで歌ってみた。何か感慨深いものがあるかと思ったが、去来するものは特になく。意外と何にも起こらなかった。なつかしきかわよ、もるだうの。

6 【フランソワ・ラブレー】生年不詳。1553年没。フランス・ルネサンスを代表する作家。代表作に『ガルガンチュワとパンタグリュエル物語』がある。

# ショートケーキは話す

ホテルニューグランド

ホテルニューグランドは昭和2年（1927）に開業しました。「HOTEL NEW GRAND」を訳すと、「新しい壮大なホテル」ということになると思うのですが、それってどういうことなのでしょう。

ホテルの目の前には山下公園があり、そこには氷川丸[1]が停泊しています。かつて氷川丸は貨客船[2]として太平洋を横断していました。ここはその出発の港。その目の前にあるのがホテルニューグランド。昭和のはじめ、外国へ行くための手段は船だけでした。港に降り立つ人。港から旅立つ人。そのような人々が、

このホテルに宿泊していた。汽船との延長線上にあるホテル。まだ見ぬ風景を夢見るホテル。その場所を何というかといえば、「新しい壮大なホテル」。

そういえば『八十日間世界一周』[3]（東京創元社）を読むと、主人公が上海から横浜まで船で渡ってきます。そして横浜港からサンフランシスコにまた出発。彼ののる船の名は「ニューグラント将軍号」。ホテルの名前と、少し似ている。でも全く関係はありません。

本館を設計したのは渡辺仁[4]。大正から昭和にかけて活躍した建築家です。和光（服部時計店）、原美術館、東京国立博物館本館など、その時代の風景を作った建築家として知られています。

よい建築の条件とは何かと聞かれたら、完全な思い込みではありますが、建物がささやく、語りかけてくれることだと答えます。ホテルニューグラントの本館も、私にささやいてくださったような気がします。いや、この場合は歌ってくださった。

本館1階のコーヒーハウス　ザ・カフェへ行きましょう。イスを引いてもら

い着席すると、

「スマートフォンでQRコードを読み込んでメニューをごらんください」

と、ウェイトレスの方が案内してくださりました。

感染症対策がしっかりなされています。少しきょろきょろしていたので「はじめてきた人だな」と気づかれてしまったかもしれません。

「あまおうのプレミアムショートケーキと紅茶をお願いします」

と、小さな声で注文しました。そのとき私はウェイトレスの方の目を見ることができませんでした。恥ずかしかった。

ホテルニューグランドのショートケーキを待ちましょう。「あまおうのプレミアムショートケーキ」は期間限定です。運ばれてきたケーキは立方体。断面の苺の配列が端正で美しく。苺が立っているっていうのはなかなかないことです。茶柱が立つみたいに縁起がいい。ケーキにナイフを入れてフォークで口に運びます。なめらかなクリームは口の中でとけて行きます。スポンジは比較的ほおごたえがあります。上質な生クリームがそれと調和して、口のなかでとけて。

あ、ほおごたえって何？　スポンジにはやわらかさ、硬さがあります。上質な生クリームと合わさって、とけて行くことはありますが、少し押し返してくるような食感。でも歯ごたえというほどの硬さはないですよね。それを何というかと考えて思いついたのが「ほおごたえ」なんです。いま。このホテルニューグランドで。

ショートケーキに満足した私は、ようやくメニューをスマホにとり込んでみました。軽い気持ちで。そして「スパゲッティ ナポリタン」にこころを奪われました。ナポリタンの他「シーフードドリア」「プリン アラ モード」は、ホテルニューグランド発祥のメニューなのです。

はじめにメニューを読み込まなかった私は愚かな男だったということが、はっきりしました。襟を正し「恐れ入ります」と左手を上げ、ナポリタンを注文しました。生のトマトを使ったナポリタンはハムの塩気のあんばいが丁度よく、順番を間違えたけれども幸せな気持ちに導いてくれました。私のような甘い、しょっぱいの流れもあってよいことが、今日また判明しました。

夜のとばりが下りて、山下公園から氷川丸のシルエットを見ていると、昔の異国の街を歩いているような気にもなります。するとどこからか歌が聞こえてきました。それは幻聴だったのかもしれないけれどもホテルの本館が何かを歌ってくれているような。たしかに私の耳元で響いていたよう。その旋律が何かといえば、それは野口雨情の『赤い靴』[5]。

その後また建物がささやきました。実際はささやいていないかもしれないけれども、そう思えました。

「この歌が発表されたのは大正11年（1922）だよ」

それを聞いた私は、全身を稲妻が貫くような衝撃を受けたのでした。『赤い靴』とショートケーキは、およそ100年の時間で日本中に広まって行った。ホテルニューグランドのショートケーキは『赤い靴』に似合います。

ところでショートケーキって建築みたいだなと思うことがあります。よいショートケーキも、たしかに語りかけてくるところがあるから。

1 【氷川丸】昭和5年（1930）に日本郵船が建造。昭和35年（1960）の引退後は山下公園に係留されている。

2 【貨客船】貨物と旅客を一緒に輸送する船。

3 【『八十日間世界一周』】ジュール・ヴェルヌ著、東京創元社、1976年。

4 【渡辺仁】1887〜1973年。建築家。東京のシンボル的な建築を数多く遺した。驚くことに、それらはすべて建築様式が異なる。東京国立博物館本館はいわゆる帝冠様式で、瓦屋根のようなものに欧米の建築が融合している。1920〜30年代に流行したこの様式は、愛知県庁、名古屋市役所、滋賀県庁、愛媛県庁でも見られる。和光はネオ・ルネサンス様式で、19世紀ヨーロッパのルネサンス建築の復興を目指した重厚感のある様式。原美術館はモダニズム、国際様式といわれ、コルビュジエのように線と線で構成されている。その他にも第一生命館（現・DNタワー21）はナチス様式ともいい、ナチス・ドイツの建築様式に似ている。有楽町にあった日本劇場は、渡辺個人の建築表現だと私は思う。渡辺は、施主の意見を柔軟にとり込むことができる、コミュニケーション能力の高い人物だったのではないか。オーダーを受けて、自分なりに解釈して、施主の意向を表現できる、優れた建築家だと知ることができる。

5 【『赤い靴』】本居長世 作詞、野口雨情 作曲、1922年。

# 結婚式の思い出

東京會舘

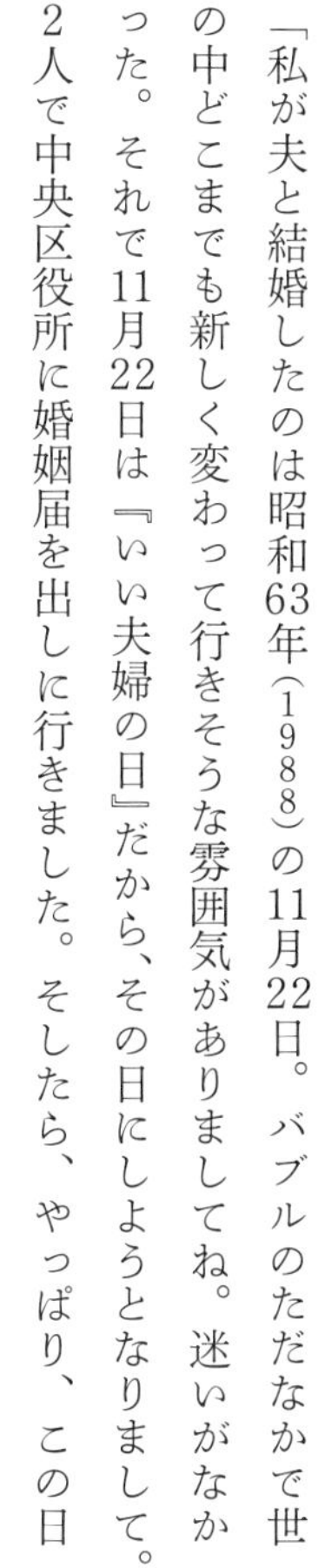

「私が夫と結婚したのは昭和63年（1988）の11月22日。バブルのただなかで世の中どこまでも新しく変わって行きそうな雰囲気がありましてね。迷いがなかった。それで11月22日は『いい夫婦の日』だから、その日にしようとなりまして。2人で中央区役所に婚姻届を出しに行きました。そしたら、やっぱり、この日に婚姻届を出そうというカップルが何人もいて。

結婚式は東京會舘で行いました。当時は2代目の建物でした。窓からは皇居の緑が広がっていて、それを見て気に入りましてね。きれいな光が入ってきて、何だか嬉しくて泣けてきました。結婚してから、20年目くらいだったかな、毎月22日が『ショートケーキの日』になるって話になり、じゃ、11月22日は、ショートケーキでお祝いしようとなったんです。それからは毎年ショートケーキを東京會舘で食べる習慣になりまして。

東京會舘に行くときはタクシーがおすすめです。運転手の方には『馬場先門の東京會舘へ』といって。馬場先門は皇居の目の前。かつては江戸城の門のひとつがあったところ。タクシーは東京會舘の車寄せに滑り込んで行きます。後部座席のドアが開いて、ドアマンの方が私を迎え入れてくれます。そのとき少し上を見上げてみてください。玄関の庇を支える鉄の構造体がすごくきれいなので。

東京會舘が創業したのは大正11年（1922）。日本でショートケーキがはじまった頃と同じで、令和4年（2022）で100周年。會舘とは、会う館。『人が会う館が必要だね』と思った人が100年前にいたということ。會舘って英語で何というのでしょう。調べてみると『HALL』。たしかに、サントリーホールやNHKホール、といいますものね。

東京會舘といえば、『マロンシャンテリー』が代名詞です。白い生クリームで覆われたドーム。なかには栗がたっぷり入っている。もしかしたらその影に隠れているかもしれないけど、東京會舘のショートケーキは、それと同じくらい、幸せにしてくれます。

ショートケーキは1階のロッシニテラスでいただきます。私たちが結婚式を挙げた2代目の建物にも、『Chez Rossini』というレストランがありました。イタリアの美食家のジョアキーノ・ロッシーニ[1]にあやかったのでしょう。お堀の石垣と水面はあのときのまま。水面にも映る松を眺めてひと息ついて。白鳥が泳いできた日は運が良い。夫は、いまはハゲちゃってきらきら光っているけど、昔はけっこうかっこよくてね。何着てくるかなぁと思ったら、勧めていた頃に仕立てたグレンチェックのスーツでした。夫がやや風変わりなのは、普通、ショートケーキにはコーヒーか紅茶を合わせるものでしょう。でも夫はいつも決まってフレッシュオレンジジュース。ずっとそうでした。東京會舘のショートケーキは立方体。苺を真ん中におかずに傍らに寄せて。予定調和を崩しているのかしら。見慣れた人もここで会うと、違ってきます。

私はシャネルの黒のスーツを着て行きました。結婚した80年代に買った服でいまでも着られるものは、意外とけっこうたくさんある。このシャネルのスーツもずっと大切に着てきました。香水はシャネルの5番[2] ロー オードゥ トワレット。新しくて好きな香り。それにボトルのかたちが東京會舘の建築みたい。2代目東京會舘を設計したのは谷口吉郎[3]だったわね。シャネルの5番のシンプルなボトルパッケージは、どこか東京會舘に似ているのよ」

これは、昭和39年（1964）に生まれたとある女性が語ってくれたお話です。歳を重ねてとてもきれいな方でした。「東京會舘でショートケーキを食べると、色々あったけど、あの日ここで結婚式をして良かったと思う」と語ってくれました。

1　【ジョアキーノ・ロッシーニ】1792〜1868年。作曲家、美食家。オペラ作曲家を引退後、料理の創作をはじめる。「ロッシーニ風」と名のつくフランス料理は彼が考案したといわれる。

2　【シャネルの5番　ロー　オードゥ　トワレット】「CHANEL N°5 L'EAU EAU DE TOILETTE」。この香水のデザインは私のいうところの「単純と反復」に近いと感じる。

3　【谷口吉郎】1904〜1979年。建築家。ホテルオークラ東京、東京国立博物館東洋館などを設計。博物館明治村の初代館長も務めた。2代目東京會舘の竣工は昭和46年（1971）。

# 季節を贈る悦び

千疋屋総本店 日本橋本店

以前、日本橋茅場町に森岡書店があった頃、「日本橋」をひと言でいうとどうなるかというアンケート取材を受けて、「港」と答えたことがありました。江戸時代の地図を見てみると、中央通りの東側は、埠頭のようになっていて、舟が行き来していたことをいまに伝えていますし、また、日本橋の橋の付近にはかつて河岸があったことはよく知られています。では、もし「日本橋」が「港」だった頃の名残は何かと聞かれたなら、何と答えるでしょうか。いくつかアンサーが考えられますが、私なら、「千疋屋総本店 日本橋本店」と述べます。

千疋屋総本店のホームページを読むと、歴史として以下のような紹介があります。武蔵の国埼玉郡千疋村（現在の埼玉県越谷市）で、大島流の槍術の道場を開いていた千疋屋の創業者大島弁蔵が、生計を立てるために千疋村界隈で採れる農作物を、葺屋町（現在の日本橋人形町3丁目）まで船便で運ぶようになりました。幸いにも当時の越谷は江戸への搬水路が確立されていたので、夜に出発すれば、早朝に到着できました。弁蔵は、千疋村の農作物が江戸の人々に悦んでもらえるに違いないと確信。船に桃、西瓜、まくわ瓜などの果物や野菜を積み込んだそうです。品質のよい果物は、ずっと昔から必要とされてきたのです。

もちろん現在の千疋屋総本店にも季節ごとの果物が店頭を彩ります。また、それが、ショートケーキにも反映されています。先日はマンゴーをのせたショートケーキを手土産に購入しました（松屋銀座店にて）。マンゴーのショートケーキは香り豊かで、ホイップクリームとマンゴーが合わさるとまた一層濃厚になって、悦びが増します。先方の方々も、目を丸くして食べてくださりました。食で季節を感じるのは幸せです。季節を贈る。千疋屋に携わる人たちがずっと大切にしてきたことではないでしょうか。
　そういえば、ショートケーキって、三角形の場合、どこか舟のかたちのようです。フルーツをのせてどこへ行くというのでしょうか。越谷かな、宮崎かな。あるいは、上海かもしれません、パリかもしれませんし、ロンドンかも。あ、アメリカ。太平洋を渡って。

　忘れていけないのは、千疋屋総本店 日本橋本店のフルーツパーラーのメニューには、[1]「アメリカンショートケーキ」があるということです。アメリカンショートケーキはスープ皿のような、よく冷えた深皿に入って、運ばれてきます。ケーキが牛乳に浸っていて、上部の長方形のスポンジには絞ったホイップクリームがたっぷりのって。その上には、生の苺の代わりに、赤い苺のジャムのようなソース。特筆すべきは、土台のスポンジのあいだに挟まれているバニラのアイスクリームでしょう。スポンジでアイスクリームを挟むというのは珍しい。アメリカンショートケーキは、日本のショートケーキとはかなり形状が違います。それを大きな、本当に大きなスプーンでいただくのです。かつての社長が、昭和30年から40年代に、アメリカでこのようなショートケーキを食べたことがきっかけだったそうです。ウェイターの方が「病みつきになる方もいます」と話してくださりました。コミュニケーションの一環としての冗談だと思いますが、そこから、禁断症状の様子のイメージが広がりました。「アアアアア、アメリカン、ショ、ショ、ショートケーキ……」「アメリカンショートケーキ持ってこい！！！」。大変失礼いたしました。大きなスプーンで掬えば、またこの味を試してみたくなる人の気持ちがわかります。

近所の室町砂場[2]にも足を運んでみましょう。室町砂場では「別製ざる」をいただきましょう。アメリカンショートケーキと意外に合うんですよ。騙されたと思ってぜひ一度試してみてください。それは別製ざるの白とアメリカンショートケーキの白を愛でるということ。どちらが先でも構いません。アメリカンショートケーキが後なら和洋折衷、先なら洋和折衷となりましょうか。ちなみにすぐそばには近三ビルヂング[3]もあり、併せて愛でたいものです。

1　【アメリカンショートケーキ】ストロベリーの他、ブルーベリー、ミックスベリーと3種ある。

2　【室町砂場】江戸前蕎麦御三家のひとつで、「天ざる」「天もり」発祥の地。「砂場」と突然いわれたら、公園にある〝お砂場〟を連想するだろう。

3　【近三ビルヂング】昭和6年（1931）竣工。設計者は村野藤吾。もし東京で一番好きな建物を聞かれたら、私はこのビルを挙げるかもしれない。関東大震災からの復興建築で、周辺には三越、三井本館、日銀と、装飾的な建物がどんどん建って行った時代。そのなかにあって、近三ビルは、線と線だけで構成されたシンプルな作りで設計されている。特筆すべきはファサードの切り返し、壁面のアール部分。このシンプルな建築物において、そこにだけ変化が一瞬現れる。村野はそこにすべてをかけたのではないだろうか。

# 目の前が開けてくる

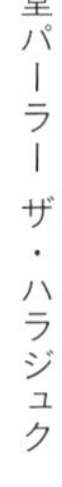
資生堂パーラー　ザ・ハラジュク

資生堂パーラー　ザ・ハラジュクは原宿駅前のWITH HARAJUKUの8階にあります。8階に向かう専用エレベーターにのり込んで、一本道を上に参りましょう。

ラウンジメニューの「ワゴンデザート」をいただきましょう。私は「ワゴンデザート」という言葉が好きです。運ばれてくるのですから、ショートケーキが。8階に到着して席に通された私は、ワゴンデザートを注文しました。すると担当の方から、こちらから出向いてケーキを選ぶという案内があり、ちょっとした勘違いが判明。やはり、自分から歩み寄って行くというのが、本来あるべき姿というものです。

ラウンジ側からレストラン側へ。階段を5段上がったところにワゴンがありました。本日のデザートは6種類。でこぽんのショートケーキ、栗のモンブランケーキ、桜のムースケーキ、苺のコンポート、レモンタルト、カスタードプリン。このなかから、何種類でも選んでいいのです。そのとき、どこからともなく声が聞こえてきました。「いくらお金と引き替えに得られた特権といっても、贅沢過ぎてはいないか」という。一方で「あなた、このところずっとがんばってるじゃない、上質なケーキを思う存分おたべなさい」という声も。完全な思い込みではありますが。私は後者の声に素直に従うことにしました。ただ問題なのは、何種類でも選べるものの、オーダーは一度きりの一発勝負。どの組み合わせにするのかで、その後の展開が決まってきます。

一つひとつケーキを見ながら、「でこぽんのショートケーキと、カスタードプリン、レモンタルト、それから苺のコンポートをお願いします」と静かにいいました。担当の方が静かに丁寧にお皿に盛りつけてくださりました。本当に静かに。

それにしても、ワゴンに並んでいるケーキと同じくらい、この部屋から広がる景色はすばらしいです。明治神宮の杜、代々木のオリンピックスタジアム、新宿の高層ビル。このあたりはかつて源氏山と呼ばれていたそうです。この広角の景色は、おそらくここからしか眺められないのではないでしょうか。資生堂パーラーのお料理と雰囲気にぴったりです。え、どこが?

事前に調べていたのですが、伊東豊雄[1]さんによって設計されたこのWITH HARAJUKUという複合施設は、人が地上を歩くということは、どういう意味を持つのかという観点から〝道〟が設けられています。現代の都市の空間では、人々は、だんだん地上を歩かなくなり、建物の内部や地下を歩くようになりました。街にとって、人にとって、果たしてそれでいいのか?　この問題意識が伊東豊雄さんのなかにあったといいます。また〝道〟の周囲に植えられた植物について、伊東豊雄さんは次のように述べています。「さらに時間が経ち、緑が成長すると、本当に丘みたいになって傾斜の下からは建築が見えなくなるかも。原宿という商業エリアに、自然に似た風景が持ち込めたらいいなと思うんです」。つまり、時間が経つほどに、自然に近づこうとしている建築といえます。もしかしたら伊東豊雄さんは、建築と同様に、時間をデザインしているのかもしれません。なお資生堂パーラー ザ・ハラジュクの内装は、浦一也[2]さんが担当しています。目の前の明治神宮の杜に続くような空間になっています。

資生堂パーラーは明治35年（1902）に創業したので、令和4年（2022）で120周年。120年ものあいだ、私たちに食を通して幸福な時間を提供し続けてきました。原宿の資生堂パーラーにも都市の豊かさに触れる悦びがあります。

さて、どのケーキからいただきましょうか。好きなものを最初に食べるか、最後までとっておくかという議論がありますが、私は最初に食べます。でこぽんのショートケーキ、食べてみますね。いただきます。あ、銀座のとは違う。スポンジが違う。色が違う。もしかしたら卵の黄身の配合が多いのかも。それがでこぽんの黄色にも合っているのかも。オレンジではなく夏みかんでもなくブンタンでもなく、でこぽんが選ばれたという事実。たぶん他のどこにもない、でこぽんのショートケーキ。柑橘ごとに変わる微妙な酸味の差異。生クリームとスポンジの調和。この風味にはどれだけの時間がかかっているのか。

私はいま置かれている状況に気がつきました。あたりまえの事実ですが、どのケーキにも背後にはこのかたちになるまでの時間があります。最適な材料の配分。少しでもお客様に悦んでもらうにはどうしたらいいのか。丁寧にお皿に盛りつけられる手際。ことここに至るまでの時間の総量はどれくらいなのでしょうか。もし、その答えを求められたなら、「120年」と答えるでしょう。そう思いながら、お皿の上の一つひとつのケーキをいただくと、元気[3]が湧いてきました。

1 【伊東豊雄】1941年生まれ。建築家。森岡書店の株主総会の後、青山通りで偶然お会いし、ワインを一緒にいただいたことがある。多摩美術大学図書館の大ファンだった私は、そのイラストを描いたこともある。「単純と反復」。引いてものの本質を出すというのが単純。反復というのは、ちょっとした違いを可視化して行くこと。その考え方を建築で表すと多摩美術大学図書館になる。足すことも引くこともできないかたち。ものの本質とは何なのだろうかと考えさせられる。図書館は夜も本当に美しく、完全な側面はショートケーキの断面のようだ。この雰囲気は、資生堂パーラー ザ・ハラジュクに通じるものがあると思う。

2 【浦一也】1947年生まれ。建築家、インテリアデザイナー。著書に『旅はゲストルームI～III』などがある。

3 【元気が湧いてきました】ワゴンデザートをいただいた日の前日は、著書の発売日だった。その日どうしていたかというと、前の晩にカキを6個食べてあたってしまいお腹が痛かった。食べ過ぎ、それに著書を売らなくてはいけないという重圧と責任に打ちひしがれて。普段ならそれを楽しめる方だが、さすがに耐えきれなくなったのだろう。以前、新宿の紀伊國屋書店で「いまのあなたの生活が10倍幸せになります」という本の宣伝アナウンスを耳にした。「何という本の紹介ですか?」と店員さんに尋ねてみたところ、アントニオ猪木さんの本だとわかった。これを読んだら10倍幸せになれるんだ。そう、元気があれば何でもできる。ケーキを口にしてそれを実感した次第。

# ショートケーキの女神

銀座メゾン アンリ・シャルパンティエ

アンリ・シャルパンティエは昭和44年（1969）に兵庫県芦屋市で創業しました。定番の「ザ・ショートケーキ」を中心に、季節ごとに多様なショートケーキを作ってくださります。そのすべてを味わったわけではありませんが、私が出合ったどのショートケーキからも、お客様に悦んでほしいからという作り手の意気込みが伝わってきます。例えば、「ザ・ショートケーキ〈ショコラ〉」は、チョコレートクリームと苺の風味が、クリームと苺の風味とどれほど違うのかを証明しています。「あまおうのプレミアムショートケーキ」は、苺のペース

トがスポンジに馴染んでいて、クリームは少なめ、苺とスポンジでどれだけショートケーキが美味しくなるかを追求しています。ショートケーキに主軸をおいて商品の構成を考えているように思いたくなるくらい。それくらい、苺のショートケーキに対する愛が感じられます。

アンリ・シャルパンティエのショートケーキには近代建築が似合います。以前、奈良公園のなかにある奈良ホテル[1]の部屋で、アンリ・シャルパンティエのザ・ショートケーキを持参していただいたことがありました。そのとき奈良ホテルの雰囲気とアンリ・シャルパンティエのザ・ショートケーキの風味がぴったりで、この2つには共通点があると直感したものです。奈良ホテルは明治39年（1906）に端を発し、当時、海外からくるお客様を迎えました。辰野金吾[2]が本館を設計したのは明治42年（1909）。鉄道省が直営していた時代もあり、米軍に接収された時代もあり。そのつど、お客様の要望を大切にしてきたからこそ、現在まで110年以上の歴史を紡いだということでしょう。つまり時間に耐えたものがそこにはある。そう考えて、アンリ・シャルパンティエのザ・

ショートケーキを見返したとき、同じく、時間に耐えたかたちであり風味があると思い至りました。

もちろん、銀座メゾン アンリ・シャルパンティエが入居するヨネイビルディング[3]も、森山松之助[4]設計により、昭和5年（1930）に竣工した近代建築です。そこではアーチ状の窓から柳通りの往来を見ながらショートケーキをいただくことができます。そうすると、少し時間の流れが変わって感じられます。「川が流れているのではなく水が流れているのであり、時間が流れているのではなく人が流れている」というようなことを聞いたことがありますが、その感覚に近いというか。アンリ・シャルパンティエのショートケーキは100年後も変わらずこの味で残っていて、それを口にする人は変わっている、というあたりまえの事実が、すごく大切な観点に思えてきます。

メニューを見て、「マスクメロンのショートケーキ」と「ザ・ショートケーキ白桃」があり、どちらにするか迷ったことがありました。結局、私が選んだのは白桃のショートケーキ。それとムジカセレクトティーのアールグレイを合わせてみたくなったのです。紅茶の香りと白桃のショートケーキを味わうことができる。アンリ・シャルパンティエのこの空間では普通かもしれませんが、考えようによっては、こんな体験をできる人というのは、人類史上ごく限られています。ちょっと話が大きくなってしまいました。

今日も銀座メゾン アンリ・シャルパンティエに行ってみましょう。安定のザ・ショートケーキか、季節の新しい味か。基本があるから、その型を破ることができるというもの。夜になるとシャッターが降りて、ヨネイビルの玄関には貴婦人の肖像画が現れます。この女性は誰なのだろう。縫い物をしている女性も背後にいます。きっと、苺のショートケーキの女神なのではないでしょうか。少なくとも私にはそう見えました。

[1]【奈良ホテル】ここは、明日にでも行きたくなるような非常にいいところ。私のスーツケースには、奈良ホテルのエンブレムが貼ってある。「日本クラシックホテルの会」加盟ホテル。

2　【辰野金吾】１８５４〜１９１９年。建築家。代表作に明治29年（１８９６）竣工の日本銀行本店本館がある。この建物は石積みのレンガ造りにしたことで、関東大震災や東京大空襲での大きな被害を免れ、ほぼ竣工時に近いかたちで現存している。辰野の息子の辰野隆は、東京帝国大学仏文科の教授。その門下生には小林秀雄がいた。

3　【ヨネイビルディング】銀座2丁目にあって、数少ない近代建築。

4　【森山松之助】１８６９〜１９４９年。建築家。銀座の丸嘉ビル、両国公会堂、馬喰町の玉置文治郎ビルなど、近代建築を遺した。

5　【貴婦人の肖像画】フォンテーヌブロー派の絵画『ガブリエル・デストレとその妹』の一部が描かれている。

# 12歳のあなたに

和光アネックス

ショートケーキをいただくとき、コーヒーと紅茶のどちらを選ぶか。正確に統計をとったわけではありませんが、私の場合、七三くらいでコーヒーが多いです。コーヒーの苦みと香りとショートケーキの組み合わせは、やっぱりすばらしい。だから和光アネックス ティーサロンでも、コーヒーを頼んでいました。ある日、「今日は紅茶にしてみよう」と思うまでは。最初は、ほんの軽い気持ちだったんです。でもショートケーキと紅茶が運ばれてきて驚きました。その日を境に、和光では、紅茶を注文するようになりました。紅茶にはレモンを添えてもらって。

今日もこうして、私の前にウェイトレスの方が、ショートケーキと紅茶を運んできてくれました。もちろんレモンとともに。ポットもカップも、カトラリーも和光のもの。カップの手前に置かれたスプーンをカップの奥に移すときの音。紅茶の香り、レモンの香り。和光の苺のショートケーキ「フレージェ」には紅茶とレモンが似合います。これレモンなの？　はいそうなのです。レモンの黄色い皮と白いわたが丁寧にとりのぞかれているからびっくりして。そのひと手間、二手間が、よりテーブルの上の世界を豊かにしてくれます。正面の窓からは和光本店の外壁も見えていて、なんと贅沢な時間でしょう。こうしてショートケーキをいただくことができるのは幸せです。

目を閉じてショートケーキを味わってみると、少し以前と甘さが違うような気がしました。より控え目な甘さになったというか。もしかしたら私の気のせいかもしれませんが、有り得ることです。なぜなら、作っている人は、和光の伝統を守りつつも、きっと、よりお客さんが悦んでくれる風味を追求しているに違いないから。和光アネックスのお菓子をはじめ、和光全体の仕事に共通するのは、「精巧」のひと言に尽きます。先ほどのレモンひとつとってもそうだし、苺もそう。和光のショートケーキには苺が2つ。粉雪のようにお砂糖がふってある苺と、そのままの苺と。少しの風味の違いを味わってください、ということでしょう。そのようなメッセージをいただいた気持ちにもなります。ケーキの断面も見てみましょう。薄くカットして丁寧に重ねられた苺はレンガみたいです。かつて銀座はレンガ街でしたね。[1]

仮説をひとつ。和光本店の時計塔はほぼ正確に東西南北を向いている。銀座4丁目の前は四つ角でもありますし、正面左右に遮るものがありません。ということは、あたりまえの事実ではありますが、時計塔は、朝、東の空から陽が昇って、昼、南の空を通り、夕、西の空に沈むまで、一日中ずっと陽の光を浴びているということ。一年中365日毎日。そのエネルギーたるや。私の完全な思い込みではありますが、それが、とても真似のできないようなことを、当然のことのように行う和光の仕事の、源泉になっているのではないかと。和光[2]

は銀座に建って90年。「和光の鐘が聞こえるところまでが銀座」という考え方もあるそうです。

次女が12歳の誕生日を迎えた日、和光アネックスのホールケーキでお祝いをしました。ホールケーキにはチョコレートを型どった数字を合わせることができます。1と2のチョコレートを選んで「12」。円いショートケーキに12の数字。まるで、時計の円盤のようではありませんか。この美しいホールのショートケーキにも、時計塔の日輪の恵が伝搬してきている。そう考えると、和光のショートケーキが多くの人を幸せにするということに、より頷けたのでした。これから12歳の誕生日を迎えるお子さんがいらっしゃる方、ぜひ、和光のホールショートケーキに12のチョコレートをあしらえてお祝いしてみてください。

1　【かつて銀座はレンガ街でしたね】江戸の頃から東京では火災が多く、明治5年（1872）2月の「銀座大火」は、現在の大手町から銀座・京橋付近に甚大な被害を及ぼした。不燃都市化を目指して計画されたのが「銀座煉瓦街」。明治10年（1877）に完成した。

2　【和光は銀座に建って90年】正確には時計塔が建って90年、和光が設立されて75年。現在の時計塔は2代目。（2022年時点）

# 三島由紀夫に差し入れするなら

山の上ホテル

山の上ホテルで執筆をしたと伝えられる作家のひとりに三島由紀夫[1]がいます。山の上ホテルのどの部屋に三島由紀夫は泊まっていたのか。資料によると、山の上ホテルは昭和55年（1980）に大規模な改修を行っています。三島が泊まったであろう改修前の部屋は、現在と、作りも趣も異なるようです。三島由紀夫は、大正14年（1925）生まれ。つまり昭和の年号とともに歳を重ねる運命のもとに生まれました。昭和のある日、山の上ホテルへと続く坂を登りきった三島由紀夫を、白い制服を着た方が挨拶をして出迎える。そんな光景がこの場

所にはたしかにあったということでしょう。では、山の上ホテルの玄関を跨いだ三島由紀夫が見た光景とは何だったのか。そのひとつに、ショートケーキがあったと、私などは思いたくなります。

おそらく、三島由紀夫は、ショートケーキが好きだった。いや、大好きだった。そう思わせてくれる文章が随所にあります。ちなみに、『レター教室』を読むと、そう思わせてくれる文章が随所にあります。

昭和43年（1968）に初版が刊行された『三島由紀夫レター教室』[2]のなかに「ショートケーキ」というワードがいくつあるかを、総力を挙げて[3]カウントしてみたところ、14。三島由紀夫は、少なくとも14回、ショートケーキという言葉を原稿に書いていたのです。山の上ホテルは、玄関を入ると左側のスペースにショートケーキを販売しているコーナーがあるので、三島はそっちに目が行ったと考えたくもなります。そしてルームサービスで部屋にとり寄せて、コーヒーや紅茶でショートケーキを口にした。そんな光景も、ひとつの可能性として広がります。

『レター教室』にあらわれたショートケーキの記述のなかでも、重要なのは、

92ページの記述でしょう。「心中を誘う手紙」に次のように書いています。

でも、いよいよ決行の前には、お名残りに、いろいろおごってくださいね。まず三時ごろ会って、例のショートケーキを、この世のなごりに二個食わせてもらい、そのあとで、一等の寿司屋で、高くて食べたことのない海老なんかふんだんに食わせてもらい、それからホテルに着いて、あのホテルには幸いカラーテレビがロビーにデンと置いてあるから、カラー番組を二人で鑑賞して、加山雄三さんの、「しあわせだなァ」かなんかを聞きながら、エイヤッと薬をのんでしまえば、それでおしまい。

――『三島由紀夫レター教室』(ちくま文庫)

三島由紀夫がどれだけショートケーキに親しんでいたか、ギリギリの場面で選択したのがショートケーキと寿司だったという描写からも窺い知れます。ただ、もし三島由紀夫が山の上ホテルでショートケーキを食べていたとしても、そのかたちは現在のショートケーキとは違っていたでしょう。現在のショートケーキは、山の上すなわち「ヒルトップ」という言葉から導き出されたようなかたちをしています。ちょっと高さがあって、でも、けっしてスケールは求めていない。高さがある分、スポンジは3層になっています。その食感はやわらかく、苺の歯ごたえと対をなしています。苺は、中心線よりちょっとずらした位置にあり、それがデザインのポイントになっています。端に苺をのせるときのバランスの妙。生クリームのなかには惜しみなく苺が入っています。

ところで、もうひとり、大正14年（1925）に生まれて昭和の年号とともに歳を重ねた作家に武田百合子[5]がいます。武田百合子もこの界隈にゆかりがあり、20代半ば、山の上ホテルから徒歩5分くらいの当時「ランボオ」、現在「ミロンガ」で働いていました。その美しさに惚れ込んだのが武田泰淳[6]で、ランボオに通い詰めては告白し、ついには結婚に至ります。よく知られていることですが、ここでも繰り返します。その頃、ランボォに通い詰めていた武田泰淳が見た光景のひとつが、『伝説の編集者 坂本一亀とその時代』[7]（河出文庫）に書かれています。

最初の書きおろし長篇「仮面の告白」を出版社に手わたすとき、神田の小喫茶店の暗い片隅で、私はそれを目撃しました。紫色の古風なふくさから、分厚い原稿の束をとり出すあなたは、顔面蒼白、精も根もつきはてたひとのように見え、精神集中の連続のあとの放心と満足に輝いていました。「一日三枚がいいところだ」「一週間、温泉宿にいて一枚も書けなかった」。そのころ、あなたはそう語っていた。

――『伝説の編集者 坂本一亀とその時代』（河出文庫）57ページ

『仮面の告白』[8]の初版が刊行されたのは昭和24年（1949）。つまり武田泰淳は、ランボオで坂本一亀[9]に原稿を渡していた三島由紀夫の姿を目撃していたのです。坂本一亀とは、坂本龍一[10]さんのお父様。もしかしたら三島由紀夫は、『仮面の告白』の原稿を、ランボオの近所の山の上ホテルで書いたのではないか、ひいては山の上ホテルのショートケーキをいただきつつ原稿を書いた。推察は深まりましたが、調べてみると、山の上ホテルは、昭和29年（1954）にホテルとして開業しているので、それはあり得ないことがわかりました。

ただ、三島由紀夫が鬼籍に入ったのは昭和45年（1970）の11月25日ですが、同年6月21日には、三島ら「楯の会」4名が山の上ホテル206号室に集合し、決起の準備の相談をしたことや、同年7月4日には山の上ホテル207号室に集合し、決行を11月とすることを申し合わせたことが、『三島由紀夫が復活する 新書版』[11]（毎日ワンズ）に記されています。三島由紀夫がこのとき、山の上ホテルのショートケーキを食べていたかどうかは全くわかりませんが、もし私が、そのときその場所にいて、三島由紀夫に差し入れする局面があったなら、間違いなく、山の上ホテルのショートケーキを選んだことでしょう。「三島さん、私も最期はショートケーキと寿司だと思うんですよ」といって。

1　【三島由紀夫】１９２５～１９７０年。小説家。代表作に『金閣寺』『豊饒の海（全4巻）』などがある。

2　【『三島由紀夫レター教室』】三島由紀夫 著、ちくま文庫、１９９１年。

3　【総力を挙げてカウントしてみたところ、14】

この間は従妹（いとこ）の空ミツ子といっしょに、彼女の友だちの結婚祝いの贈り物を見立ててやるために、銀座へ出ましたところ、偶然お目にかかって、ミツ子に紹介され、その節お茶やショートケーキをごちそうになって、まことにありがとうございました。あんなおいしいショートケーキは、生まれてから食べたことがありません。全くほっぺたが落ちそうでした。

あのショートケーキは一個三百円もするそうで、ミツ子もあんな喫茶店には私たちはめったに行かれないと言っていました。

――「借金の申し込み」37ページ

他38、61、63、68、92、１０７、１２１、１２５、１２８、１９２ページに「ショートケーキ」というワードがある。

4　【玄関を入ると左側のスペースに】当時も山の上ホテルにケーキはあったが、このホテルショップは令和元年（２０１９）に新設された。

5　【武田百合子】１９２５～１９９３年。随筆家。武田百合子は夫の武田泰淳のアドバイスで『富士日記』を著す。三島は日記は書いていないが、ドナルド・キーンとの往復書簡『三島由紀夫未発表書簡 ドナルド・キーン氏宛の97通』を読むとその日常を垣間見ることができる。同じ年に生まれて同じ時代を過ごした2人だがこうも違うかと読み比べることができる。

6　【武田泰淳】１９１２～１９７６年。小説家。

7
【『伝説の編集者 坂本一亀とその時代』】田邊園子 著、河出文庫、2018年。

8
【『仮面の告白』】三島由紀夫 著、新潮文庫、1950年。

9
【坂本一亀】1921～2002年。編集者。坂本一亀は2人の人を生み出した。ひとりは三島由紀夫。もうひとりはご子息の坂本龍一さん。2人の美意識は両極といえるのではないか。建築家のブルーノ・タウトは著書『ニッポン』で「日本の種々な歴史的建造物において、天皇の御趣味と将軍のそれとの間にいかに相違があったかを見るのは、誠に興味深いことである。」と記し、将軍家の日光東照宮は装飾的でデコラティブすぎると評し、簡素な日本美が見られる天皇家の桂離宮に軍配を上げた。将軍家のプラスの美意識と天皇家のマイナスの美意識。美意識には2つの考え方があるとするならば。三島の美意識の在り方については、様々な角度から見られるものがあるだろう。なかでも最晩年に遺した写真集『薔薇刑』は、いってしまえば遺影。細江英公が撮影、アシスタントは森山大道だった。三島の美意識はおそらくプラスの美意識にあたるだろう。一方、坂本龍一さんの音楽の在り方、ファッション、CDやレコードのパッケージにはマイナスの美意識を感じる。坂本一亀は、美意識の両極を生み出した人物といってもいいだろう。

10
【坂本龍一】1952年生まれ。ピアニスト。辰年生まれ。

11
【『三島由紀夫が復活する 新書版』】小室直樹 著、毎日ワンズ、2019年。

# 単純と反復

The Okura Tokyo

近年、私は、「単純と反復」という視点から日本の文化を見ています。単純とは、引いてものの本質を見せるということ。反復というのは繰り返すことによって、小さな違いを可視化するということ。よく引用されますが、建築家のブルーノ・タウト[1]が、京都の桂離宮と日光の東照宮を比較したとき、桂離宮の造形に見出した、線と線で構成された簡素さと機能美に近いかもしれません。
「単純と反復」というビジョンが芽生えたのは、令和元年（2019）10月のマンハッタンでの出来事でした。その日はすごく不思議な日で、昼に木工デザイナ

ーの三谷龍二[2]さんとお会いしました。夕方に写真家の杉本博司[3]さんとお会いしました。夜に作曲家の坂本龍一さんとお会いしました。この体験は何かの導きだったのではないか。いまにしてみればそう思えてなりません。この日に遭遇した人たちの仕事、三谷さんの匙、杉本さんの『海景』、坂本さんの曲には、共通するものがきっとある。それを何とか言葉にしてみたのが「単純と反復」というわけなのです。また、マンハッタンから戻ってすぐに、陶芸家の黒田泰蔵[4]さんとお会いして、泰蔵さんの作品集作りがはじまりました。その過程で感じたのも、やはり、泰蔵さんの仕事は「単純と反復」であるということでした。

ホテルオークラを企画立案したのは大倉喜七郎[5]でした。ホームページを拝読すると、昭和37年（1962）のホテル開業の頃、日本の高級ホテルはヨーロッパやアメリカの形式が多かったので、欧米の模倣ではなく日本の文化を感じられるようなホテルにしようと考えられたそうです。日本の文化には色々ありますが、大倉喜七郎が好んだ日本の文化とはどういったものだったのでしょうか。その答えは、ホテルオークラ東京の建築それ自体にあるようです。谷口吉郎が設計した初代ホテルオークラ東京の建築にしても、その息子である谷口吉生[6]が設計した2代目オークラ東京の建築にしても、それが何かを伝えています。すなわちそこにも「単純と反復」が見てとれるというものです。その最たるものが「静かなるロビー」でしょう。造形の内部で発光する「オークラ・ランターン」や、梅の花のかたちに並べられたテーブルと椅子。窓の障子と対をなすような床の市松文様。中二階の在り方。大倉喜七郎は、男爵でいて貴族院議員でもあったから、豪華絢爛なものものには事欠かなかったはず。でも目指したホテルは、必ずしも、そうではなく瀟洒（しょうしゃ）であったということ。瀟洒とは、すっきりさっぱりという意味。瀟洒の質を高めて行ったというところにホテルオークラの醍醐味があり、その意識はお部屋のすみずみまで行き渡っています。

今日、私は、このホテルに宿泊して「苺ショートケーキ」をいただきます。なぜなら、オークラ東京のショートケーキもまた「単純と反復」だと思うから。以前、オークラ東京のオーキッド[7]でケーキセットをいただいたとき、ウェイターの方から、「昔と変わらず同じレシピで作られています」と教えてもらいました。オーキッドのショートケーキは、３層構造。一番下のベースとなるところのクリームに厚みがあるのが特徴。１粒の苺と、先端へ向かう一筋のクリーム。クリームもスポンジもつかず離れず、苺の風味と合わさって、そのままとけてなくなりました。紅茶はオリジナルブレンドを。装飾のない美しいポットから注がれた紅茶は香り豊かで。

もちろん、今日は、お部屋でショートケーキをいただきます。ルームサービスでショートケーキと紅茶のオリジナルブレンドを運んできてもらいました。窓の外には、東京の夜景がきれい。手前には虎ノ門の高層ビルがあり、その背後には大手町と丸の内の高層ビル群が連なり、その背後に東京スカイツリーが見てとれます。そのレイヤーを見ながら、ショートケーキの層を私はいただくのです。私はときに、ショートケーキを上から1層ずつ食べることがあります。

およそ60年間、このショートケーキはこの場所でこの風味で提供されてきた。およそ60年後も、このショートケーキはこの場所でこの風味で提供されているだろう。そのとき東京の景色はどうなっているのか。ホテルオークラ東京の３代目はどうなっているのか。私はここのショートケーキになってそれを眺めてみたい。

1　【ブルーノ・タウト】１８８０〜１９３８年。ドイツ人建築家。昭和8年（１９３３）から3年半、日本に滞在していた。著書に『ニッポン』『日本 タウトの日記(全3冊)』などがある。

2　【三谷龍二】１９５２年生まれ。木工デザイナー。辰年生まれ。

3　【杉本博司】１９４８年生まれ。写真家、美術作家。

4　【黒田泰蔵】１９４６〜２０２１年。陶芸家。泰蔵さんは一昨年(２０２１)鬼籍に入られた。その最晩年に作っていたのは「円筒」と「梅瓶」という2つのかたちだった。泰蔵さんに招かれて円筒と梅瓶を見させていただいたところ、自分なりにこれは次のようなことではないかと思った。円筒というのは、いってしまえば男性性。自分の美意識の外にあるものは許さないという厳しさ。梅瓶は女性性。すなわちこれは慈悲のこころ。子どもが描いた絵は無条件で受け入れるというような。その2つの方向性の違うものがひとりの人間のなかに矛盾せず同居している。これが人間の姿であろうと。このことを黒田泰蔵さんは円筒と梅瓶を作ることによって表象していたのではないか。

5　【大倉喜七郎】１８８２〜１９６３年。ホテルオークラ創業者。父の大倉喜八郎は大倉財閥を興した実業家で、渋沢栄一らと帝国ホテル設立にも携わった。

6　【谷口吉生】１９３７年生まれ。建築家。東京国立博物館法隆寺宝物館、丸亀市猪熊弦一郎現代美術館、GINZA SIXなどを設計。平成27年（２０１５）のホテルオークラ東京本館建て替えの際、吉生の父・谷口吉郎設計の「オークラロビー」は保存して欲しいとの声が世界中から寄せられたそうだ。それほど、多くの人に愛された場所なのだろう。

7　【オーキッド】オークラ プレステージタワー5階にあるオールデイダイニング。ドレスコードは「スマートカジュアル」。私は大昔、帝国ホテルへ食事をしに行って「帽子をとってください」といわれたことがある。

# 次はショートケーキにとまります

東京ステーションホテル

東京駅[1]に到着したとき、東京駅からどこかに行くときに、何か食事をいただきたくなったら、迷いますよね。世界にはどれくらい駅があるかわかりませんが、美味しいものが揃っているという条件でランキングを出すと、おそらく、東京駅は上位5本の指に入ってくるのではないかな。あるいは、もしかしたらナンバーワンかも。そんな食の宝庫にあって、私がおすすめするのは東京ステーションホテルのショートケーキです。東京駅丸の内南口の専用エントランスからも入れるロビーラウンジでいただけます。とはいっても、季節限定だから

年中味わえるというわけではありません。どんなかたちをしているか知りたいですか。ヒント。その1、辰野金吾。その2、1914年竣工。その3、赤煉瓦。はい、あなた。「東京駅」。はい、正解。そうなんです、東京ステーションホテルのショートケーキは、苺が3つ上にのっていて、あたかも東京駅のかたちを表現しているのです。

ところで、そもそも、東京駅の建築のかたちとは何でしょうか。設計した辰野金吾は、地元の佐賀の唐津から東京に出てくるとき、最初は歩いて福岡まで行き、そこから船にのって大阪まで行き、大阪からまた歩いて東京まできたそうです。いったい何日かかったというのでしょうか。大阪から東京まで歩いて行くという発想は現代ではほとんどありません。明治時代のある日、辰野金吾が東京に到着したとき、こう思ったのではないかな。「ついに東京に到着した」。東京駅はアムステルダム中央駅に範を得たという話もありますが、ある種、あの特別な雰囲気は、東京に歩いて着いたときの感動が滲み出たかたちなんじゃないかな。辰野金吾なりの。

コロナ禍が少し落ち着いた令和4年（2022）3月下旬、私は東京駅で修学旅行の学生たちを見かけました。およそ30年前、私も地元の山形から、目の前の学生たちのように修学旅行で東京駅に降り立ちました。私の場合は、制服にネームプレートがついていたから、けっこうダサかったかな。私は、学生たちに「ぜひ、そこの東京ステーションホテルでショートケーキを食べてみて」といいたい気持ちになりました。もちろん、それにはふさわしい対価を支払うことになります。学生にはちょっと背伸びする額面です。しかし、それに見合うだけの新しい経験をすることができるのはたしかなこと。すなわち、最高のショートケーキとはどういうものかに触れられるのです。考えてみれば、その道で最高のものは高額です。自動車ならメルセデス・マイバッハの新車で1億4350万円くらい。時計ならパテック フィリップで2億3000万円くらい。辰野金吾はロンドンに留学していたらしいけど、JALの直行便ファーストクラスでロンドンに渡航するとしたなら309万9130円。東京ステーションホテルのインペリアルスイートは、通常価格で2名なら113万8500円。それに比べたら最高のショートケーキはお手頃といえます。

東京ステーションホテルのショートケーキをいただいて以来、私は、東京駅を見ると苺のショートケーキに見えてくるようになりました。だから、もし東京駅のニックネームが公募されるようなことがあれば、私は「ショートケーキステーション」と応募します。


「次はショートケーキにとまります」

「まもなくショートケーキに到着します」

「終点のショートケーキです。

どなた様もお忘れ物のないようお降りください」


バブル期[2]にJR東海の東海道新幹線のCMがありました。私と同じ世代の人は懐かしいし、若い世代の人にはきっと新しい。山下達郎さんの『クリスマス・イブ』[3]がバックミュージックで。女優さんごとに違うバージョンになっていて深津絵里さんの映像も素敵ですが、牧瀬里穂さんの回は、なんとおそらく、[4]舞台が東京駅になっていまして、新幹線の改札から出てきた彼氏と会おうとします。しかし、その当時、いまの東京ステーションホテル[5]はなかったから、私が口にしたショートケーキを味わうことはできませんでした。もしまたJR東海が新幹線のCMを作るとしたら、東京駅を出て、東京ステーションホテルでショートケーキを食べるっていうのはどうですか？　きっと幸せな場面が自然に浮かび上がってくるでしょうね。

1　【東京駅】大正3年(1914)竣工。南北ドームには、月の満ち欠けを表象したオブジェがあり見ごたえがある。

2　【バブル期にJR東海の東海道新幹線のCMがありました】昭和63年から平成4年(1988〜1992)にかけて放映されたCMシリーズ「クリスマス・エクスプレス」。1作目の主演・深津絵里は、令和4年(2022)の新CMにも出演している。

3　【『クリスマス・イブ』】山下達郎、1983年。

4　【なんとおそらく、舞台が東京駅になっていまして】名古屋駅だという説もある。

5　【いまの東京ステーションホテル】東京ステーションホテルが開業したのは大正4年(1915)のことで、100年以上の歴史がある。平成18年(2006)には東京駅丸の内駅舎の保存・復原工事のため一時休館。平成24年(2012)にリニューアルし現在のかたちとなる。

## 日本型ショートケーキの誕生

日本型ショートケーキの発祥には、いくつかの説があります。

ひとつは大正11年（1922）に、洋菓子の店・不二家でショートケーキの販売をはじめたという説。創業者の藤井林右衛門は、明治43年（1910）の横浜・元町の不二家開店から2年後には渡米し、現地のお菓子文化を吸収していました。その後、大正11年（1922）に伊勢佐木町店、同12年（1923）には銀座6丁目店を開店します。[1]

不二家の社史にショートケーキに関する記述があります。少し長くなりますが引用します。

いまみるような、本格的なショートケーキをつくりはじめたのは、不二家が正真正銘の元祖だったといえる。当時、ほかの店では、鶏卵を使って作ったカステラを台にして、グラスといって砂糖をカチンカチンに白くかためたもので塗りあげ、その上に銀の玉をくっつけたり、砂糖づけにしたフルーツをのせたりしたものしかなかった。こうした、いわゆるショートケーキもつくり、円形のものを三角に切って売ることも注文に応じてはつくったけれど、フランス人の技術を勇敢に採り入れた林右衛門は、いち早くこの旧式なケーキに見切りをつけ、まっ先にフランス風のショートケーキに踏みきった。

## フランス風のショートケーキ

一番はじめに世に問うた製品は、いわゆるバスケットというもの。

スポンジケーキ（カステラ）を真中から半分に切って、半分の方の上にはバタークリームの花型をチョンチョンと置き、その上に、スポンジケーキの残りの半分を二つ切りにして、斜めにV字型にのせた。桃色や薄青などのバタークリームで色づけしたものを、斜めにV字型にのせた。これにナポリタン、サラ・ベルナール、パタシェーンなどという名前をつけて売り出したところ、これもよく売れた。鶏卵の三倍も値の張るバターを惜しげもなく使っているので、ことのほかにおいしかったのである。大正十一年（一九二二年）ごろで、一個八銭だった。

　ほかの店の使ったグラス（糖衣）は、ホンダンといって、粉砂糖を煮え湯でとかして練り上げたもの。不二家が使ったのは、四〇パーセント前後の液体生クリームをあわ立て器で立て、砂糖、卵黄とバニラを加えながらかためたホイップ・クリームで、バタークリームの本流。それだけに味がやわらかだった。

　デコレーションにしても、ほかの店では、いまのクリスマス・ケーキのまわりと同じく、粉砂糖と卵白を酢酸で漂白してあわ立てたものを使い、少しおくと金米糖のように固くなってしまった。たまたまバタークリームを使う店があっても、アメリカ式にショートニングを主体に、ココナツとかマリオとかを加えたものにすぎなかった。林右衛門は、バタークリームを主にして、これにオレンジ、ストローベリー、レモンなどの果汁だとか、コーヒー、チョコレート、それにアマンドのこがしたの、パリネなどを入れて、味にいろいろと変化をもたせた。ピーチなどの、新鮮なカンづめ果実を使ったのも、不二家が先頭第一だった。

――『社史で見る日本経済史 第52巻 不二家・五十年の歩み』(ゆまに書房)

これが日本のショートケーキの原型だとすると、いまとは全く違う姿をしていたということでしょう。洋菓子がまだ馴染みのない時代に、その専門店として店をはじめる決意をした藤井は、「意思と熱の人である」

とも語られています。[2] 現在は数寄屋橋にある不二家に行くと「イタリアンショートケーキ」がふるまわれていて、私はそれが好きです。また、不二家のシンボルであるペコちゃんがいつも迎え入れてくれるというのは嬉しいものです。

それからもうひとつ。資生堂パーラーのショートケーキに関する大切な資料が発見されました。大正12年(1923)刊行の『建築写真類聚 バラック建築 巻一』(洪洋社)に収録された資生堂パーラー店内の写真。壁に貼られたメニューをよく見ると、「ストロベリーショートケーキ 30銭」という文字が見てとれるのです。発見したのは美術家の中村裕太さん。同年9月1日には関東大震災が発生しましたが、資生堂パーラーは2カ月後にバラック建築で復興しました。すでにそのときからストロベリーのショートケーキが販売されていた。

中村さんはさらに、バラック建築の設計を担当した川島理一郎の大正

12年（1923）のスケッチのなかに、ストロベリーショートケーキが描かれていることも発見しました。出雲町店（現・東京銀座資生堂ビル）の内観スケッチには、現在のような苺と生クリームとスポンジのショートケーキが描かれているのです。

正確なことはわからないかもしれないけれども、いずれにしても今日のショートケーキの原型は、100年くらい前に日本で現れ、その後、日本にしかないかたちとなって行ったといってよいでしょう。

ショートケーキを構成する生クリームは、牛乳から分離した脂肪分（正確には乳脂肪分が45％以上のもの）をそのまま、あるいは砂糖を加えて泡立てたものです。生クリーム、生ビール、生原稿、生チョコ、生演奏、生春巻き。不思議なもので、いいものには「生」がつきます。一段上がる感じです。NAMA。生には特別感があります。

その生クリームの発祥は謎に包まれています。1533年にイタリア、メディチ家のカトリーヌ・ド・メディシスがフランスの王家へ嫁ぐ際に、同行の菓子職人がすでに生クリームをかきまぜていたという説があり[3]、いずれにしても、古くから生クリームはこの地球に存在していたようです。生クリームのとり扱いには冷蔵設備が不可欠です。そのため戦前の不二家や資生堂パーラーでは、もしかしたら氷を使った冷蔵庫を使用していたのかもしれません。戦後の復興を経て電気冷蔵庫が普及すると、ショートケーキが各地のお店で扱いやすくなったと考えられます。

スポンジ=カステラは、15世紀にイベリア半島にあったカスティーリャ王国で生まれたとされています。その後成立したスペイン王国、ポルトガルへと伝わり、「カスティーリャ・ボーロ」と呼ばれていました。日本に南蛮菓子として伝わったのは天文12年(1543)のことで、種子島に鉄砲とともに伝来した、とあります。その際、カスティーリャはカステラ、ボーロは小さなクッキー状の菓子として、2つのお菓子に枝分かれし、日本でさらに発展して行くのです[3]。織田信長も口にしたかも。

最後に苺。農林水産省ホームページによると、これはバラ目バラ科の植物で、野生の苺は石器時代から食されていたようです。現在のような苺は、18世紀にオランダで種を掛け合わせて生まれました。江戸時代末期に鑑賞用として長崎に伝わり「オランダ苺」と呼ばれていたそうです。1900年頃広く栽培されるようになりました。

——ある日あるとき、地球上のどこかの誰かが、生クリームと出合った。ほったらかしの牛乳から分離した脂肪分を、試みに混ぜてみたのだ。そのひとつを口に含んでみた。「あんまり美味しくないなぁ、砂糖でも入れてみるか」。当時、砂糖は貴重だったはず。また口に含んでみた。そのときこう思った。「うめぇ」。だからこそ生クリームは広がった。無理なく自然に。美味しいものは広がる。広がるのだということを生クリームは証明している。

カステラ、つまりスポンジが日本に伝わってから500年余り。カステラの老舗・文明堂が、上野黒門町に東京一号店を出店したのは大正11年（1922）。日本型ショートケーキ誕生と同じ頃。大正11年のある日、日本の東京のどこかの誰かが、偶然手に入った生クリームを、試みに話題の文明堂のカステラにのせて食べてみた。そんなことはなかっただろうか？　ある可能性もなくはない、くらいかな。でも、もしそうだったら、その人はきっと食後にこんな風に思うのではないかな。「少しさっぱりした果物を入れたいなぁ」。

フランス菓子店ブールミッシュの創業者・吉田菊次郎の著書には、左記の記載があります。

昭和二年の『製菓と図案集』（金子倉吉編・製菓と図案社）なる技術書です。そこにあるカラーの図版には白いクリームがぬられ、角形にカットされたケーキがしかと描かれています。しかも、あしらわれたクリームの上には、彩やかな紅色のチェリーと梅がのせられているのです。

――『増補改訂版 西洋菓子彷徨始末―洋菓子の日本史―』（朝文社）

チェリーと梅は、5〜7月頃に実る果物。苺も5〜6月に実る。黎明期はチェリーと梅が、苺と同じようにのっていたのかもしれません。でも、やっぱり、ショートケーキには苺の酸味が合うという意見が徐々に多数を占めて行ったということなのではないでしょうか。

・出典・

1 『社史で見る日本経済史 第52巻 不二家・五十年の歩み』ゆまに書房、2011年。
2 『銀座へ出るまで』菱田忠 著、銀座茶話會、1928年。
3 『お菓子の由来物語』猫井登 著、幻冬舎、2016年。

# ショートケーキがプロポーズ

パレスホテル東京

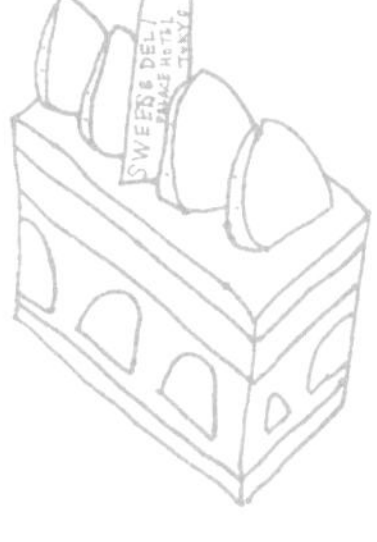

「パレスホテル東京のショートケーキは美味しいし、まず断面がきれい」とあなたはいいました。生クリームとスポンジと苺の境目がフラットになっていると。「どうやって切っているのだろう」と真剣に見つめていましたね。
ショートケーキが目の前に運ばれてきたとき、いったい最初に何を見るか。私なら、ショートケーキのかたちが三角形なのか正方形なのか、スポンジの層が何層になっているか、苺にシロップがのっているかいないか、そのような点を見ていたように思います。でも、あなたはパレスホテル東京のショートケー

キの断面をまっすぐ見ていました。そして、あなたはこういいました。「断面が、鈴木春信[1]の浮世絵のよう」。「私、鈴木春信の絵が好きよ」と続けて。

私は、鈴木春信の絵をあまり見たことはなかったから、その後、上野の博物館へ何度か鈴木春信の絵を見に行ったりしましたね。神田の古書店で販売している鈴木春信の浮世絵を買おうか買うまいか迷ったりもしました。「もし、いま鈴木春信がここにいたら、パレスホテル東京のショートケーキを口にしている人の絵を描いてほしかった」とあなたは笑っていっていました。

かつて「どんなものを食べているか言ってみたまえ。君がどんな人であるかを言い当ててみせよう。」といった人がいましたが、パレスホテル東京の「プレミアム ショートケーキ」を食べる人はどんな人だというのでしょうか。その答えは、美味しいものは美しい、と信じている人ではないでしょうか。

今日、私は、一枚の絵を持ってきました。画家の大木幸治[2]さんに「パレスホテル東京のショートケーキを食べる人」というテーマで描いてもらいました。現代の浮世絵のように。これを飾ったところからはじまる家は素敵でしょうね。そんな家をどうか私と一緒に作ってください。こころからそれを希望します。

――お手紙ありがとうございます。あの日あなたと、パレスホテル東京のロビーラウンジでショートケーキを食べたことが、私の人生を変えるとは思ってもいませんでした。私は何も知りませんでした。最初に何を見るかというのは、その後を規定する大切な要素をはらんでいることを。ショートケーキと鈴木春信の質感と色彩が、まさかこうして本当に絵になるとは驚きました。[3]

「どんなものを食べているか言ってみたまえ。君がどんな人であるかを言い当ててみせよう。」といった人は、『美味礼讃』(岩波文庫)を書いたブリア-サヴァランでしたね。「パレスホテル東京のショートケーキを食べる人」とはこれで「ショートケーキを信じる人」になりましたね。[4]

それにしても、この絵は素敵ですね。これを飾ったお部屋はどんな光景になるでしょうか。私でよければぜひ一緒に作りたいです。でき上がったら、そのときは、パレスホテル東京のショートケーキを食べてお祝いしましょう。その日が一日も早くくることを願っています。

1 【鈴木春信】生年不詳。1770年没。浮世絵師。多色摺りの浮世絵「錦絵」の第一人者ともいわれ、作品の多くは海外で所蔵されている。鈴木春信が生まれたのは神田白壁町。江戸時代の地図で見てみると、現在の秋葉原、浅草橋界隈だろうか。

2 【大木幸治】架空の画家。『ショートケーキ三十六景』シリーズを描きはじめ、画家としても立ち位置を確固たるものにした。

3 【ショートケーキと鈴木春信の質感と色彩】鈴木春信の絵のトーンとして、どちらかというと薄い黄色と白と赤で構成しているように見えて、色の境目がショートケーキっぽいなと思ったりしたこともある。

4 【『美味礼讃』】全2冊、ブリア-サヴァラン 著、関根秀雄 訳、戸部松実 訳、岩波文庫、1967年。

# ゴンドラにのってショートケーキを

洋菓子のゴンドラ

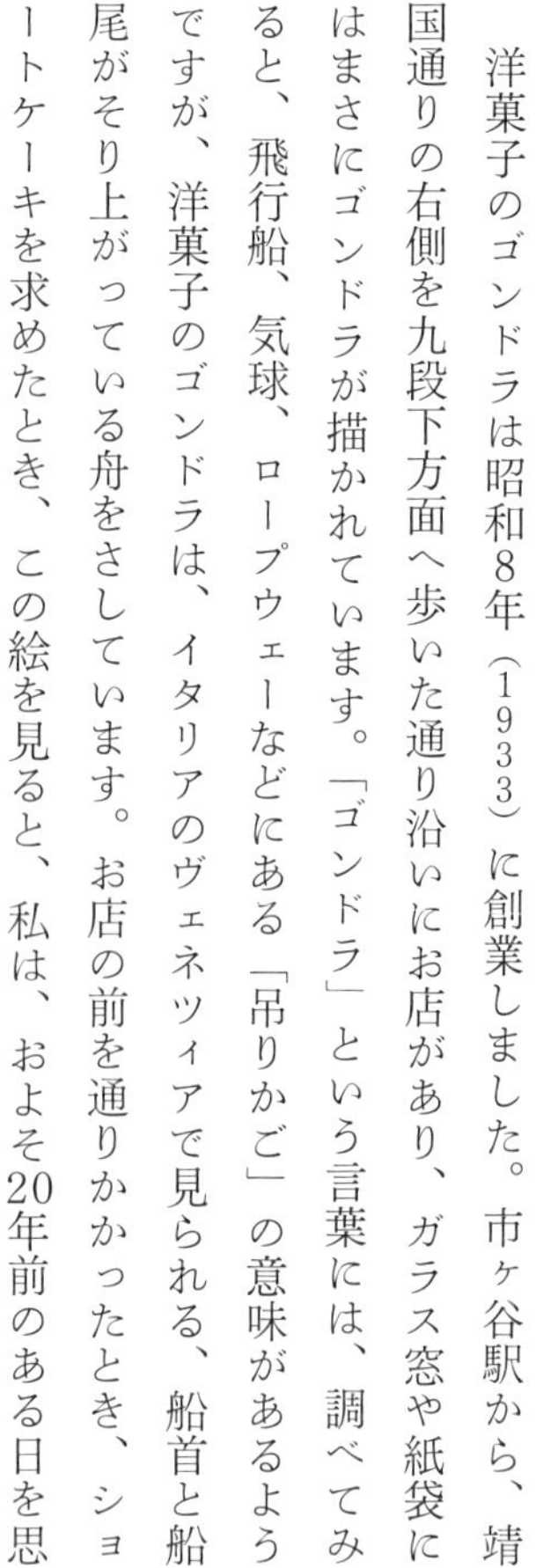

洋菓子のゴンドラは昭和8年（1933）に創業しました。市ヶ谷駅から、靖国通りの右側を九段下方面へ歩いた通り沿いにお店があり、ガラス窓や紙袋にはまさにゴンドラが描かれています。「ゴンドラ」という言葉には、調べてみると、飛行船、気球、ロープウェーなどにある「吊りかご」の意味があるようですが、洋菓子のゴンドラは、イタリアのヴェネツィアで見られる、船首と船尾がそり上がっている舟をさしています。お店の前を通りかかったとき、ショートケーキを求めたとき、この絵を見ると、私は、およそ20年前のある日を思

い出すことがあります。

当時私にはすごく好きな女性がいて、彼女に振り向いてもらうにはどうしたらいいかを考えていました。何かおもしろいことをやったら好きになってもらえるんじゃないか。浅はかかもしれませんが、真剣にそう考えた私は、「ゴンドラのケーキをゴンドラの上で食べる」という案を思いつきました。最初は、後楽園ゆうえんちの観覧車がいいかもと思いましたが、やっぱり水の上に浮かんでいる方がよいと考え改め、洋菓子のゴンドラからほど近い、千鳥ヶ淵のボートにのることにしました。このイメージがふくらんだとき私はこう思いました。「これはうまく行きそうだ」。

まずは、ゴンドラのショートケーキがどれだけ美味しいかを彼女に伝えました。力説するのではなく、何の気なく。すると運良く、ゴンドラにショートケーキを買いに行く日時を確保できました。市ヶ谷駅で待ち合わせて、靖国通りの右側を九段下方面に歩いてお店に到着。ガラスに描かれたゴンドラの絵をしっかり確認し、ショートケーキを箱に詰めてもらいました。お店を出て九段下方面に足を向けた私はこういいました。「ゴンドラのケーキをゴンドラの上で食べよう」。そのとき私は「決まった」と思いました。

千鳥ヶ淵のボート乗場には、小さくて簡素なボートが浮かんでいました。やっぱり水の上のゴンドラにして良かった。私と彼女はいよいよゴンドラのショートケーキと一緒に、ゴンドラにのったのでした。一生懸命オールを漕ぎました。そして、水上で揺れながら、ゴンドラのショートケーキを箱から出して口にしました。この計画は成功成功大成功。ガッツポーズを決め、めでたく船出をきることができました。でもね、結局その方とのご縁は長くはなかった。

命短し、恋せよ、少女
赤き唇褪せぬ間に
熱き血汐の冷えぬ間に
明日の月日のないものを
命短し、恋せよ、少女

いざ手(て)を取(と)りて彼(か)の舟(ふね)に
いざ燃(も)ゆる頬(ほ)を君(きみ)が頬(ほ)に
こゝには誰(たれ)も来(こ)ぬものを

いのち短(みじか)し、恋(こひ)せよ、少女(をとめ)
波(なみ)にたゞよひ波(なみ)の様(やう)に
君(きみ)が柔手(やはて)を我(わ)が肩(かた)に
こゝには人目(ひとめ)ないものを

いのち短(みじか)し、恋(こひ)せよ、少女(をとめ)
黒髪(くろかみ)の色(いろ)褪(あ)せぬ間(ま)に
心(こころ)のほのほ消(き)えぬ間(ま)に
今日(けふ)はふたゝび来(こ)ぬものを

これは大正４年（１９１５）に発表された『ゴンドラの唄』[1]の歌詞です。神保町の古本屋で働いていたとき見つけました。そういえばそのときもこの日のことを思い出していました。

ときは流れて、令和4年（2022）夏、ゴンドラの近くに住んでいる方から、「誕生日にはゴンドラのショートケーキでお祝いをしていた」「カットケーキとホールケーキでは風味が違い、私は、ホールの方が好きだった」と聞きました。その方は、代々、付近にお住まいになっているということ。おそらく、ご家庭では、子どもの誕生日を、ずっとゴンドラのホールのケーキでお祝いしてきたのではないでしょうか。このイメージが広がったとき、私はこう思いました。「私もその輪のなかでホールのケーキをいただきたい」。

この2つのエピソードが重なった私は、ゴンドラのホールの「デコレーションケーキ」を予約して、もう一度、千鳥ヶ淵のボートの上で食べてみることにしました。今度はひとりで。その日は、見渡してみると、私の他にボートを漕いでいるのは、1艘だけでした。お堀の真ん中あたりまで漕いで行って、ケーキの箱を開けました。ケーキのカステラに焼き目があるのはゴンドラの特徴です。洋酒の香りが口のなかで広がり、ブルーベリーとラズベリーの酸味、一片のミントも一緒にいただくとこれも合います。中央の生クリームの上には楕円型の板チョコレートがあり、ここにもゴンドラの絵が金字で描かれていました。

背後からボートが近づいてきました。カップルでのっていて男性は外国の人のようです。「ショートケーキどうですか?」。そう口を開けていってみようかと思いましたが、突然、ボートにのったおじさんから笑顔でそんなことといわれたら、不審者だと思われそうなのでやめました。むしろホラー映画のようですよね。でもこちらを見ているので。少し大きな声で地元はどこかを訊いてみると。「ネパール」とのこと。素敵そうなカップルでした。重ねてネパールにショートケーキがあるかを訊いてみると「たくさんある」とのこと。私もいつかネパールへ行ってみたくなりました。そのときは、ロープウェーなどにある「吊りかご」で食べてみようかな。

1 【『ゴンドラの唄』】吉井勇 作詞、中山晋平 作曲、1915年。

# 「ショートケーキ道」の起源

メゾン・ド・フルージュ　苺のお店

ショートケーキを食べる。そのために集まる会があったらいいなと思っていました。

この度、その願いを叶えるため、「ショートケーキ室」[1]を建設しました。場所は京都某所。気鋭の建築家の吉田八重子[2]さんに設計を依頼して、おそらく本邦初となるショートケーキ室が完成しました。本邦初どころか世界初かもしれませんね。考えてみれば、何かひとつのものを食べるためだけに作られた部屋はあまりないのではないでしょうか。例えば、「りんご室」とか「チョコレート室」。「どら焼き室」「バナナ部屋」なんてあったらかなり行ってみたいです。

RC構造1階建て。外観はやっぱり白い壁に、赤いドア、黄色の窓枠で構成してもらいました。赤い扉を開けて靴を脱いで玄関を上がると、そこが待合室になっています。そこの壁には、マルチン・ハートフィールド[3]が1920年代に写したショートケーキの写真を展示しました。お集まりになったお客様は100年前のショートケーキを見て待ってもらいます。その写真を正面に見て、右側が、主室になっていて、白木のテーブルカウンターにイスが4脚。この部屋の壁にはアート作品は飾っていません。ただ、その季節ごとのショートケーキに使われているフルーツのお花や枝木を、黒田泰蔵さんの白磁「梅瓶(めいびん)」に活けておこうと思います。

さて、令和5年(2023)夏。はじめての会合が開催されました。ついにその会はとり行われたのです。主催者は不肖私。夏だから、かつて仕事でインドへ行った際に仕立ててもらった、カーディ・クルタ[4]を着用してみました。定員は

４名で、ドレスコードなどはなし。招待状は銀座の中村活字で刷ってもらいました。ここにはショートケーキ専用の、小さな冷蔵庫も収納されています。この冷蔵庫のなかに、今日、私が選んだショートケーキがおさめられています。では皆様お揃いになりましたので、待合室から主室に入ってきていただきましょう。

「皆様お揃いのところで、僭越ながらご挨拶いたします。この度、満を辞してショートケーキ室が竣工しました。それで、早速、この場所でショートケーキをいただいてみようと思いました。はえある、本日が最初のケーキを紹介いたします。そのショートケーキとは……。メゾン・ド・フルージュ　苺のお店の『苺のプレミアムショートケーキ』です」

パチパチパチ。自ずと拍手が沸き起こりました。

「ご列席の皆様には、すでに招待状にてお伝えしておりますが、ショートケーキのいただき方を確認させていただきます」

１口目。第一声として以下について述べてください。

・クリームについて

例「かたさかな」「しろいくも」

2口目。第二声として以下について述べてください。

・スポンジについて

例「肌理の細かさ」「あまいシロップに」

3口目。第三声として以下について述べてください。

・苺について

例「夏の色」「夏の味」

この言葉の背景にあるのは、メゾン・ド・フルージュのショートケーキは、旬の苺を旬の苺としてショートケーキにしてくださっているので、どこまでも苺のみずみずしさが主役になっているということ。それが食べる悦びを増幅してくれています。

4口目。第四声としてショートケーキとコーヒーのとり合わせを愉しみましょう。

例「にがいもあまいも」「苦い思い出も」

5口目。第五声としては、ひと息ついたので、以下について述べてください。
・器やカトラリーについて
例「さじのもようと」「さらの上のこと」

ここまでが前半になります。実はこの感想のような言葉は、五七五七七になっています。はい。ちょっとした歌会でもあるのです。でもそれだけだとちょっとお客様が大変になるから、後半は自由に食べていただきましょう。
こうしてナプキンで口を拭いて無事にショートケーキの会が終わりました。

一見すると、形式ばったところがあって、やや堅苦しく思われるかもしれませんが、その緊張感もまた良いということで、ショートケーキ室での会合を重ねて行きました。そうしていつしか「これはショートケーキ道だね」という人が現れ、これが現在の「ショートケーキ道」のはじまりになったのです。この先、もしかしたら時代に合わせて、ショートケーキ道の内容も変わって行くかもしれません。設えや器は洗練され、流派ができたり、ときとして正装を求められたり。でもこれだけは残ってほしいなと思うのは、最後に、口もとについた生クリームを拭くこと。それほど、メゾン・ド・フルージュの苺のプレミアムショートケーキを夢中になって口にしていたことを後世に遺すために。

1 【「ショートケーキ室」を建設しました】これはいつか実現したいこと。

2 【吉田八重子】架空の建築家。茶の湯をテーマとした作品作りで国内外で幅広く活動している。

3 【マルチン・ハートフィールド】イギリスでショートケーキの写真ばかり撮っていた、という設定の架空の写真家。

4 【カーディ・クルタ】カーディとは手紡ぎ手織りの布織物。インドが独立するに際し、ガンジーが経済的な基盤になるよう広めた。それを作る糸車が、インドの国旗の真ん中にあしらわれている。クルタはチュニック風のインドの伝統衣装。

5 【中村活字】明治43年(1910)創業。活字を使った活版印刷を行っている。「中村活字の名刺を使っていると出世する」という伝説がある。

# ショートケーキとコーラ　二重の悦び

ザ・リッツ・カールトン東京

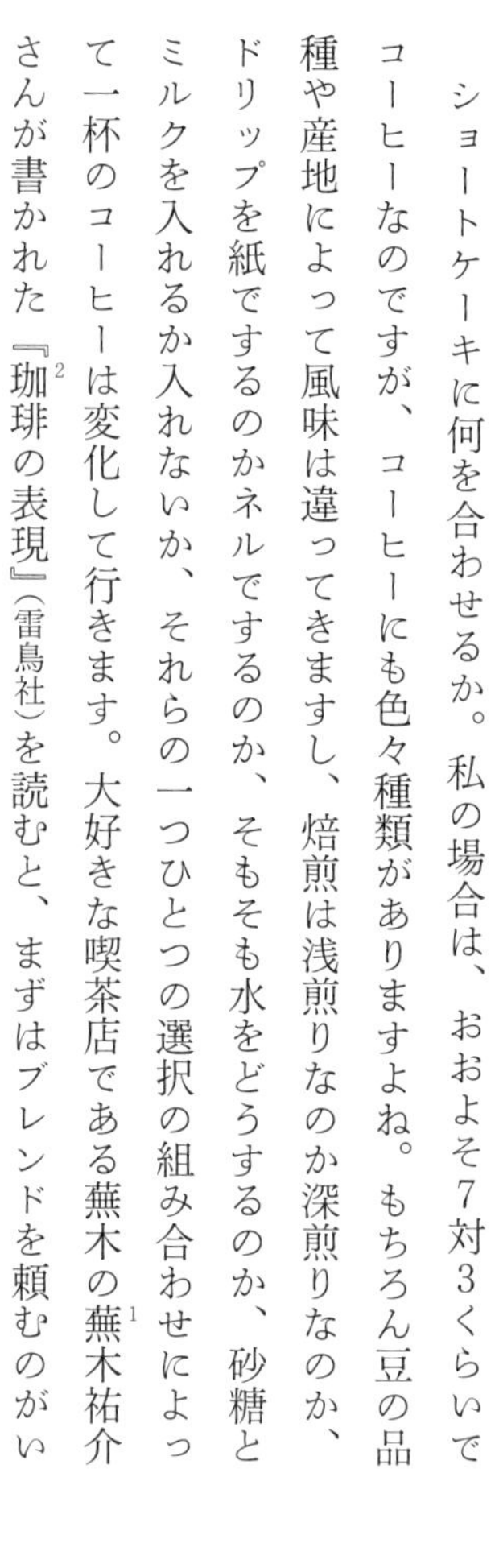

ショートケーキに何を合わせるか。私の場合は、おおよそ7対3くらいでコーヒーなのですが、コーヒーにも色々種類がありますよね。もちろん豆の品種や産地によって風味は違ってきますし、焙煎は浅煎りなのか深煎りなのか、ドリップを紙でするのかネルでするのか、そもそも水をどうするのか、砂糖とミルクを入れるか入れないか、それらの一つひとつの選択の組み合わせによって一杯のコーヒーは変化して行きます。大好きな喫茶店である蕪木の蕪木祐介[1]さんが書かれた『珈琲の表現』[2]（雷鳥社）を読むと、まずはブレンドを頼むのがい

い、そのお店の出したい風味があるから、というようなアドバイスが書かれていて、それを読んでからは、積極的にブレンドコーヒーを注文していました。だから、ザ・リッツ・カールトン東京のザ・リッツ・カールトン カフェ＆デリで、ケーキセットの「ショートケーキ」を食べようとしたときも、ザ・リッツ・カールトン東京 オリジナルブレンドをオーダーするのに迷いはありませんでした。

ウェイトレスの方にその2つをオーダーした私は、ふと、ショーケースのなかには、他にはどんなケーキがあるのかなという思いが発生し、ショーケースを眺めに行きました。そこにはもちろん、頬っぺたが落ちそうな「本日のケーキ」が並んでいて、しかもどれも見た目にもきれいで、眺めにきたかいがあったという気持ちになりました。しかし問題はその直後に起こりました。私の目の前に、「ザ・リッツ・カールトン コーラ」という文字と、コーラの入ったボトルが出現したのです。私は、えっ、となりました。いまここでコーラ、というように。そして次のようなイメージが広がりました。これは導きではないのだろうか、ショートケーキとコーラを合わせてはどうですかという。

そう思いながらも席に戻った私は、運んできてくださった立方体のショートケーキをオリジナルブレンドでいただきました。豊潤な生クリームの層のなかに、みずみずしい苺、それにコーヒーの香り。ザ・リッツ・カールトン東京のショートケーキの特徴は、スポンジの黄色にあるかもしれません。より卵の風味が感じられます。スポンジにはクリームがひかれているようです。それに何といっても正方形のかたちと上にのっている生クリームのかたちにキレがあります。そのキレは、ザ・リッツ・カールトン東京のショートケーキの味と直結しているようです。

もちろん、私はこのことに満足していました。でも、やはり、さっきのコーラは気になります。ウェイトレスの方に尋ねてみると、カルダモンや山椒エキス、ゆずの皮、というスパイスが使われているオリジナルコーラとのこと。「ショートケーキとコーラを試してみよう」という気持ちが芽生えました。

よく考えてみれば、昔の人はコーヒーとショートケーキが合うとは思ってもいなかったでしょう。最初にそれを組み合わせた人がどういう気持ちだったのか。もしかしたらいまの自分と同じような心境だったのかもしれません。軽い気持ちで試してみようという。ほどなくして、ウェイトレスの方がコーラを食べかけのショートケーキのわきに運んできてくれました。こうして見ると、コーヒーとコーラは見た目も黒系で似ていますし、名前も「ヒー」と「ラ」ほどの違いしかありません。ザ・リッツ・カールトン東京のショートケーキをザ・リッツ・カールトンのコーラと一緒に口にしてみる。あ、ショートケーキの風味と食感に、滋味のあるコーラの風味が加わると、新しい悦びが芽生えますね。炭酸のパンチも効いて。苺は新種のような苺に変化する。

こうして私はザ・リッツ・カールトン東京のショートケーキのまわりで二重の悦びを味わうことができました。

1　【蕪木祐介】1984年生まれ。東京蔵前にある喫茶「蕪木」店主。蕪木の店内は静謐で透明な佇まいが感じられるが、私が着席したときに蕪木さんが席まできてくれて「森岡さん、おもしろいこと話してください」といっていたことがある。また、蕪木さんは『murmur magazine for men』のハゲ特集（「語ろうハゲと薄毛のこと」）を読んで爆笑してくださったという。蕪木さんのチョコレートとコーヒーはすばらしい。

2　【『珈琲の表現』】蕪木祐介 著、雷鳥社、2019年。

# 江戸時代のショートケーキ

ザ・ペニンシュラ東京

内堀通りを国会議事堂方面から銀座に向かうと、正面に、ザ・ペニンシュラ東京の偉容が見えてきます。ホールのショートケーキを予約していた私は、ホテルマンに迎え入れられ、エントランスの回転扉を抜けて、大理石の床に足を踏み入れました。

ザ・ペニンシュラ東京へ行くのには、例えば、日比谷線の日比谷駅で下車するなど、いくつかのルートがありますが、このアプローチを選んだのは、見える風景が好きだから。大手町や丸の内の高層ビル街がきれいに見えますし、祝田門や日比谷濠の石垣といった歴史の名残を見れば、江戸の人々が歩いていたイメージも広がります。

ザ・ペニンシュラ東京の螺旋階段はステップを踏むこと自体が悦びに変わります。その美しい階段を降りてザ・ペニンシュラ ブティック&カフェへ。いよいよ、ショートケーキとの対面です。ザ・ペニンシュラ東京のショートケーキはスポンジの肌理があたかも雪の結晶のように細かく、それに、ホールの場合、ベースの周囲にナッツがまぶしてあり香ばしく、見た目にも新しい。私は、このショートケーキが大好きです。今日は季節のフルーツとしてシャインマスカットがあしらえられています。パッケージに入れてもらって持ち帰りました。

螺旋階段を上がり、エントランスの回転扉を抜けて、外に出た私の前には日比谷濠の水面がきれいに光っていました。その光なら江戸の人々もきっと目にしただろうと思えたとき、あたりまえの事実ではありますが、江戸の人々はショートケーキを口にしたことがなかったということを思いました。

ではもし、江戸時代、この場所にザ・ペニンシュラ東京があったなら、誰がショートケーキを購入したというのでしょうか。私には、間違いなく、「この人なら」ここでショートケーキを求めただろうという人がいます。いったい誰だと思いますか。ヒント。その1、現在の茨城県古河市出身。その2、肖像画に描かれています。その3、膨大な日記を遺しています。その4、雪の結晶を記録した『雪華図説』[1]を編集しました。その5、肖像画は渡辺崋山[2]が描き、国宝にもなっています。もうおわかりの方もいらっしゃると思います。はい、あなた。「鷹見泉石[3]」。はい、正解。

泉石が遺した約60年（1797〜1857）の日記が古河歴史博物館に保存されています。これを翻刻した『鷹見泉石日記』[4]を開くと、泉石は、しばしばカステラを手土産にしたとの記述が随所にあります。蘭学者でもあったので、欧米の文物を受け入れる気持ちがあったのでしょう。また、幕府に近い古河藩の家老でもあったから、江戸城に出入りする機会もあったでしょう。もし、そのとき、この場所にザ・ペニンシュラ東京があったなら、きっと、泉石は、ショートケーキを食べたくて仕方なかったはず。さらに旬の果物、シャインマスカットをふんだんに使っていたとなれば、甘党と目される泉石は目がなかったと考えられます。そしてそのときの感想は日記のなかに記される。そんな『ショートケーキ日記』があったら読んでみたいものです。あるいは、ショートケーキを口にする鷹見泉石の図を見てみたいものです。

私の完全な思い込みではありますが、「この人なら」のもうひとりが、幕末の幕臣の山岡鉄舟[5]です。山岡鉄舟は「幕末の三舟」として勝海舟[6]、高橋泥舟[7]と挙げられ、「書道に秀でた人でした。江戸から明治になって、あんぱんの「木村屋」の文字を書き、明治天皇にあんぱんを献上したことでも知られています。つまり鉄舟は、大の甘党だった。木村屋から皇居に向かうには、ザ・ペニンシュラ東京の前を通るのが最短距離。あんぱんを献上するときに、この場所にザ・ペニンシュラ東京があったなら、あんぱんと一緒にショートケーキを献上しよう、となってても不思議ではありません。わたしが山岡鉄舟だったらきっと[8]そうするというものです。「祥都啓希」という文字を熨斗紙に書いたりして。

1　【『雪華図説』】土井利位 著、正編１８３２年／続編１８３９年。

2　【渡辺崋山】１７９３～１８４１年。江戸麹町田原藩家老。蘭学者。正装の鷹見泉石を描いた国宝『鷹見泉石像』は、崋山が45歳のときの作品。東京国立博物館に保存されている。

3　【鷹見泉石】１７８５～１８５８年。下総国古河藩家老。蘭学者。古河藩主の土井利位に仕え、『雪華図説』編集に携わった。古河歴史博物館には、泉石が国内外から収集した多くの資料が保存されている。

4　【『鷹見泉石日記』】全8巻、古河歴史博物館 編、吉川弘文館、２００１～２００４年。

5　【山岡鉄舟】１８３６～１８８８年。幕臣で剣・禅・書の達人。体格にも恵まれ身長１９０センチ近くもある大男だったらしい。維新後は明治天皇に仕えた。谷中の全生庵は、明治維新で亡くなった人たちを弔うために、鉄舟が創建したお寺。毎年7月19日に「鉄舟忌」の法要が行われている。

6　【勝海舟】１８２３～１８９９年。幕臣。通り名は「麟太郎」。本郷の和菓子店「壺屋總本店」には、勝海舟直筆の書が遺されている。

7　【高橋泥舟】１８３５～１９０３年。幕臣で槍の達人として知られる。槍術家・山岡静山の実弟。山岡鉄舟は義理の弟にあたる。

8　【きっとそうするというものです】史実としては、明治天皇が行幸された向島の水戸藩下屋敷にてあんぱんを献上。明治8年（１８７５）4月4日のことだった。

# ショートケーキのすれ違い

近江屋洋菓子店

近江屋洋菓子店の特徴に、「リーズナブル」というものがあります。その分野で、お客さんに悦んでもらえるよう最善を尽くす。例えば、「アップルパイ」であったり、「シュークリーム」であったり、「フルーツポンチ」であったり、「もも」[1]であったり。どれも美味しいものばかり。「ショートケーキ」と「苺サンドショート」もそのなかのひとつとして、近江屋洋菓子店の定番商品になっています。リーズナブルとは価格が優しいということではないでしょう。誤解を恐れずにいえば、そこに込められた時間や見識を適当な価格で求めることができるということ。近江屋洋菓子店が創業したのは明治17年（1884）。「近江屋」の名前の起源がどこにあるか。それは創業者の奥様が、彦根の方だったことに由来します。近江商人の「三方よし」、すなわち、「買い手よし、売り手よし、世間よし」の精神を思い出させてくれます。

――ある日、ひと組の夫婦がこの店にケーキを買いに訪れました。

今日は孫の誕生日。我が家では、昔からずっと近江屋のショートケーキを買って、子どもたちのお祝いをしてきました。私も夫も普段からこの界隈が好きで、かんだやぶそばのせいろうそばや、竹むらの田舎しるこ、松栄亭の洋風かきあげなどをよく食べにきていました。今日は、神田まつやのおかめをいただいてから、近江屋洋菓子店に向かいました。ガラス越しにいつものショートケーキを見ると、ほっとして、こころも明るくなりました。私たちは名前を告げました。これで何回目だというのでしょうか。予約していたのは「5号ショートケーキ」。箱に詰めてもらうあいだ、2人で待っていると、若い男性がお店に入ってきました。あ、夫の若い頃と一緒で、[2]バラクータのベージュのスウィングトップを着ています。オフホワイトのチノパンにオールデン[3]のコードバン・プレーントゥを履いて。あの頃もいい時代だったけど、考えてみれば、こうして近江屋にずっとお客さんが集まるのだから現在もいい時代なのですよね。近江屋のお菓子のまわりにはいつも悦びがあります。ケーキがとけてしまってはいけないので保冷剤を入れてもらいました。クラフト紙のショッパーは、漢字とアルファベットをとり合わせたデザイン。孫、悦んでくれるといいな。何でこんなにかわいいのかよ。昔そんな歌あったな。

帰宅して、孫と一緒にピンク色のリボンをほどいて箱を開けて、お祝いしました。たくさんの苺が入ったホールのケーキ。時代を超えてこの白くて丸いショートケーキで誕生日をお祝いできるのは格別だということを知ることができました。このような気持ちの在り方を、ショートケーキを通して孫に伝えられることも嬉しいですね。ショートケーキを食べたら、シュタイフのテディベアを渡そう。

――ある日、ひとりの若者がこの店にケーキを買いに訪れました。

今日は彼女の誕生日。一緒に祝うのは2度目です。早く彼女の悦ぶ顔が見たいなと思いながら、半月ほど前から予約しました。彼女はいっていました。「子どもの頃、おばあちゃんが、ここのショートケーキが大好きで、神田郵便局へ行った帰りなどに買ってきてくれたの。一緒に買いに行ったことも何度もあったし」。私は、この界隈にはあまり足を運んだことがなく、少し迷いましたが、近江屋洋菓子店は、街の洋菓子店という気さくな雰囲気で迎えてくれました。なかに入るとパリの街の一角にあるように、ケーキが並んでいます。ショートケーキを買う。ただそれだけのことですが、ちょっと旅したような気分です。彼女が子どもの頃に見ていた大切な風景に辿り着くというか。

天井が高くて明るい店内。床には大理石がモザイク模様に貼られています。先客のご夫婦は、何か話をしながらすみの方で包装を待っていました。その様子は、ネイビーとオフホワイトのマッキントッシュ[4]のコートの色違いが微笑ましく、彼女にも見せてあげたいなと思いました。そういえばなぜか、お二人も、自分の方をよく見ていました。予約しておいた5号ショートケーキを、保冷剤と一緒にショッパーに入れていただきました。思い出の苺のショートケーキに、彼女は何といってくれるのかな。彼女の生まれた日を彼女が子どもの頃に食べたショートケーキと一緒にお祝いできるというのは、考えてみれば、すごく良い時代です。小さな幸せを小さな幸せとして享受できる時代。そう思いながら木枯らし吹くなかを部屋に帰りました。このショートケーキを食べる前にダイヤモンドの指輪を渡そう。

1 【もも】大人気の季節商品。最高級のももの種をくり抜いてカスタードを詰めた、つやつやのもも。「もも」「桃タルト」「桃ロール」の桃三銃士に出合えたあなたは幸運。

2 【バラクータのベージュのスウィングトップ】英国製ブルゾン。ドッグイヤーカラーと呼ばれる襟と、裏地のタータンチェックが特徴。

3 【オールデンのコードバン・プレーントゥ】オールデンは、履き心地の良さで知られる米国製革靴メーカー。コードバンとは馬革のこと。つま先に装飾がないデザインのシューズをプレーントゥという。

4 【マッキントッシュのコート】英国のアウターウェアブランドのコート。防水性に優れシルエットも美しい。

# ショートケーキは和菓子

ホテルニューオータニ

先日、和菓子のコンセプトを考えるとどうなるか、という対話をしました。もちろん和菓子は好きで食べてはいますが、その道に明るいというわけではありません。コンセプトを考えるとなれば、和菓子の「和」をどうにか導き、これを「菓子」に反射して、すでにある「和菓子」を別の角度から見る、あるいは、味わうというのが良いだろうと思いました。でも、もし「和」とは何かと訊かれたら何と答えますかね。

たしかに、現代アートの現場でも、コンセプトが大切だということを耳にし

ます。コンセプトが明確で、それが人々に受け入れられている作品は、一線を超えて、現代アートとして自立しています。コンセプトという言葉を日本語にすると「概念」となり、概念を調べると「意味内容」と書かれていたりします。それに対して私は、大胆にも、3つの方向からアプローチしてみようと思いました。そして、そのアプローチを伝えるには、ホテルニューオータニのコーヒーショップSATSUKIがぴったりという確信を得ていました。

菓子作家のSさんとSATSUKIで待ち合わせたのは令和4年（2022）10月22日。あらかじめエクストラスーパーシリーズのショートケーキを予約していました。この日は「ショートケーキの日」でもありますが、Sさんはショートケーキのクリームのような色のコートを着ていました。やがて、ショートケーキがテーブルに運ばれ、それをいただきながら、私は「和」について、次のように述べました。

「ひとつ目は、長谷川等伯[1]の『松林図屏風』。これ国宝なんですが、図録で見ると、なぜ国宝なの？　という感じのどこにでもあるような墨絵なのです。でも東京国立博物館に行って、安土桃山の家屋の光を再現したという部屋で見たときには腰を抜かしそうになりました。林の木々が目の前で浮かび上がり、この世とは思えないような世界が漂っていて。光と墨絵の関係を、光と菓子の関係に置き換えたらどうなりますかね。安土桃山の家屋の光で和菓子を見たとき、どんな風に見えるのか、ちょっと気になります。その光を前提にした和菓子を、その光のなかで鑑賞してみたいし味わってみたいです。

2つ目は禅の典籍である『十牛図』[2]です。これは禅の真理までに至る10の過程を1匹の牛が辿るというものです。たしか8番目くらいで、すでに牛は、おそらく真理と目される無の境地、善も悪も何もない世界を視野に入れるのですが、その後、最後の10番目で、わざわざ、こちら側の現実の世界に戻ってくるのです。あ、やっぱりこっち側が真理だよねって感じで。これを自分なりに考えると、人間の認識は、善と悪などというように2つでひとつだから、それなら良い方を担当しよう、ということになります。これらの図は円形のなかで示されているのですが、例えば、この逸話を、どら焼きの円形の意味に落とし込んでみてはどうかと思いました。具体から抽象を考えるというように。

3つ目は丹下健三[3]の建築について少し言及させてください。以前、丹下健三に関する記述を読んでいたとき、丹下健三には、建築を設計する上で参照する比率があったということが書いてありました。そこには具体的な数値は書いてなかったので、いったいその割合は何対何なのかと思いました。そこで試しに代表作の東京[4]カテドラル聖マリア大聖堂の図面を見てみました。東京カテドラル聖マリア大聖堂は真上から見ると十字架になっています。つまりその十字の縦横の比率に丹下健三が信じた割合があるのではと測ってみると、1対1.4になっていました。これはいわゆる白銀比で、例えば、法隆寺の五重塔や伊勢神宮の建造に使われている数値です。白銀比は大和比ともいうようですし、この比率を和菓子にも当てはめてみてはどうでしょうか」

この話を聞いたSさんは「今日はたくさんインプットがありました」といいました。そしてしばらくして「でも何で今日はショートケーキなの？」と続けました。はい、まさにその質問を私は待っていたのです。いまかいまかと。「そう深く考えなくても大丈夫です。まずはよく見てください。SATSUKIのショートケーキを。そして味わってください。作り手の愛が感じられますよね。デザインにしても風味にしても。コンセプトと同じくらい愛は大切だということをこのショートケーキは証明しています」。そして次のようにいいました。「SATSUKIのショートケーキの縦横はちょうど白銀比になっています」。次の瞬間私は「決まった」と思いました。

目を丸くしたSさんは、目の前のショートケーキを見つめながらいいました。「ショートケーキは日本に伝来して今年で100周年という説があると聞きました。以来、独自の進化を遂げたというのであれば、もしかしたら、ショートケーキは和菓子なのかもしれませんね。100年ものあいだずっと人々を喜ばせてきた」。

1 【長谷川等伯】１５３９〜１６１０年。安土桃山時代に活躍し、雪舟の後継を自称した絵師。『松林図屏風』は近世水墨画の傑作といわれる。

2 【『十牛図』】中国の版本をもとに、日本の禅宗寺院で広く描かれた。ちくま学芸文庫に『十牛図 自己の現象学』がある。

3 【丹下健三】１９１３〜２００５年。建築家。東京カテドラル聖マリア大聖堂には丹下健三のお墓があり、私は何度かお参りに行ったことがある。磯崎新の弔辞をここに紹介したいのだが、それは難しいので調べてみてほしい。

4 【東京カテドラル聖マリア大聖堂】昭和39年（１９６４）献堂。側面よりも真上から見られるだろうかたちが好きだ。

5 【愛】「恋が愛になり、愛が怒りになり、怒りが憎しみになり、憎しみが諦めになる。諦めが許しになる」と話していた人がかつていて、以来ずっと頭に残っている。

## ◦ショートケーキの日◦

実は日本では、毎月、「ショートケーキの日」という日があります。もしまだ知らないという方がいましたら、それは、何日だと思いますか？

正解は毎月22日。毎月22日は「ショートケーキの日」なのです。

なぜそうなったか。試しにいま、スマホなどのカレンダーで22日を見てください。そして、その視線を真上に持って行ってください。何がありますか。22日の上には、15日がありますね。なんと、どの年のどの月のカレンダーを見ても、確実に、そうなっているのだから、あんれまあ不思議。ショートケーキといえば、上には苺(15)がのっています。だから、毎月22日がショートケーキの日にふさわしいとなった。はじめてこのことを知ったとき、「本当にそんなことあるのか?」って思ったものです。でも実際にカレンダーを見たら、本当にそうなっていて驚きました。いったい誰が、このアイデアを発案したのでしょうか。仙台市にあった洋菓子店「カウ・ベル」が平成19年(2007)に提唱し広まったと考える向きもあるようですが、真相は謎のままです。ただひとつ確実にいえることは、日本のどこかに、この観点に気づいた人がいたということ。その人は、ショートケーキにそうとう愛着があったんじゃないかな。22日の上に必ず15日がくるとわかったとき、その人は、「これでショートケーキの日は決まった」と思ったことでしょう。

もしかしたら、クリスマスやバレンタインデーのようなイベントの日に「ショートケーキの日」が成り得るという意見もありますが、私見では、毎月1回、年12回の「ショートケーキの日」は、ちょっと多すぎるかもしれません。年1回くらいの方が、指折り待ちわびる感があり、期待値が上がります。では、どの月の22日が真の「ショートケーキの日」にふさわしいのか。そこで思い出したのが、11月22日。この日は、通勤の導線上にある杉並区役所に、たくさんのカップルが列を作ります。この日は「いい夫婦の日」。だから婚姻届を提出するために並んでいる。幸せな光景というのは気持ちのいいものです。この列を目にすると、毎年、今日は11月22日なのだと思います。

話はやや脱線しますが、そういえば29歳のとき、日生劇場の喫茶店でお見合いをしたことがありました。「はじめまして。森岡督行と申します。古本屋で働いてまして」「はじめまして。森岡さんのご趣味は何ですか?」「ショートケーキです。私ショートケーキがすごく好きで、食べるのが悦びなんですよ」「そうなんですか! 食べてみたい!」「いいですよ。え、じゃあ、さっそくこれから行きますか? この近くだと美味しいところ、結構いっぱいありますよ。資生堂パーラーもありますし帝国ホテルも近い。東京會舘、銀座千疋屋、和光も」「どこが一番美味しいんですか?」「迷うなぁ。いい質問だ。どこだと思いますか?」「〇〇?」「正解!」。それで、ショートケーキを食べに行きました。あれ、でもこのご縁は一回こっきりでしたね。いまにして思えばいい思い出です。

いずれにしても、11月22日に婚姻届を出されたカップルたちには、その後の人生の過程で、ある発見が訪れる日がきっとくる。「あ、私たちが結婚した日って、ショートケーキの日だね」と。5年後、10年後の結婚記念日に、ショートケーキでも食べてみようかってなるかもしれません。「いい夫婦の日」にショートケーキ。初心に帰って。そしていつしか、11月22日は、ショートケーキを食べると愛が成就する、永遠の愛を誓う、そういう日になって行く。ショートケーキは愛とともにある。そう思い込むところからはじまる何ごとかがこの日にはあるというように。

# おわりにかえて

パリのシャルル・ド・ゴール空港から飛行機で飛び立ったとき、雲の切れ目から、エッフェル塔とセーヌ川が見てとれました。その後、島のかたちからシテ島とサン・ルイ島の位置がわかったとき、「ああ、またあのショートケーキを食べたい」という思いが込み上げてきました。

このときのパリ滞在は4日間で、宿泊先は、サン・ルイ島の見える、いわゆるセーヌ左岸でした。付近にある「pâtisserie salon de thé KAWAKAMI」にショートケーキがあるという情報を事前に得ていました。住所は、デカルト通り

25番地。

まず1日目に行ってみると、ガラスケースにそれらしきものが入っていました。歩み寄って目視してみると、それはたしかにショートケーキでした。パリにもショートケーキはあったのです。早速注文していただくと、まさに、苺と生クリームとスポンジのとり合わせ。ひと口食べてファンになりました。お店では日本人の方々が働いていたので、日本語で、お話をお聞きすると、ショートケーキは1番か2番の人気ということでした。

2日目。この日は午後から渡仏の目的の会議がありました。万全の状態で向かいたい。そう思った私はKAWAKAMIのショートケーキを食べることにしました。これを食べたらきっとうまく行くと思えたのです。そしてまたデカルト通りを歩いてKAWAKAMIの敷居を跨いだのでした。

3日目。会議を無事に終えて安堵感が込み上げ、ふと、KAWAKAMIのショートケーキが食べたくなりました。デカルト通りのお店に向かって足を運びました。ショートケーキをいただいていると、フランス人のお客さんが入ってきてショートケーキを指差してこういいました。「Fraisier Japonais」。私は耳を疑いました。ショートケーキはフランスでは「Fraisier Japonais(フレジェ ジャポネ)」というのです。あたりまえのように。そのことをお店の方に質問すると、「カスタードが入っていなく、生クリームだけなのが、フレジェ ジャポネ」。そう教えてくださりました。私は納得し、「ショートケーキは和食なんだ」というおもいを確信に変えました。

4日目。この日は朝から冷たい雨。温かいコーヒーでショートケーキが食べたくなった私は、再びデカルト通りを足早にKAWAKAMIへ向けて石畳の上を歩きはじめました。ショートケーキは今日も私を受け入れてくれました。これが今回の滞在での最後のショートケーキ。しばしさよならKAWAKAMIのショートケーキ。

窓の下にはパリの街が広がります。ショートケーキは小さいながら、たしかにそこに溶け込んでいました。パリにくると、パリに魅了されたたくさんの日本人の気持ちがわかるというものです。窓の下には白い雲が広がりはじめ、ふと「ショートケーキとは何か」と考えてみました。いまならその答えをはっきりころいろことができます。ショートケーキとは「フレジエ ジャポネ」であると。

「我ショートケーキを食べる。故に、我あり」

# お店一覧

（掲載順）

**P.10**

・銀座ウエスト 本店
東京都中央区銀座七−三−六
〇三−三五七一−一五五四

**P.15**

・タカノフルーツパーラー新宿本店
東京都新宿区新宿三−二六−十一
新宿高野ビル五階
〇三−五三六八−五一四七

**P.20**

・自家焙煎珈琲 凡
東京都新宿区新宿三−二三−一
都里一ビル地下一階
〇三−三三四一−〇一七九

**P.25**

・パティスリーアラボンヌー 赤坂本店
東京都港区赤坂四−三−十三
〇三−三五八三−七六六五

**P.31**

・資生堂パーラー
東京都中央区銀座八−八−三
東京銀座資生堂ビル一・三階
〇三−三五七二−二一四七
（銀座本店ショップ）
〇三−五五三七−六二三一
（銀座本店サロン・ド・カフェ）

**P.36**

・銀座千疋屋
東京都中央区銀座五−五−一
ニュウ銀座千疋屋ビル一・二階
〇三−三五七二−〇一〇一
（銀座本店フルーツショップ／銀座本店フルーツパーラー）

**P.41**

・巴裡 小川軒 新橋店
東京都港区新橋二−二〇−十五
新橋駅前ビル一号館一階
〇三−三五七一−七五〇〇
（巴裡 小川軒 新橋店／新橋店サロン・ド・テ）

**P.45**

・成城アルプス
東京都世田谷区成城六−八−一
〇三−三四八二−二八〇七

**P.56**

・帝国ホテル 東京
東京都千代田区内幸町一−一−一
本館一・十七階・帝国ホテルプラザ 東京 一階
〇三−三五三九−八〇四五（ランデブーラウンジ・バー）
〇三−三五三九−八一八六（バーラウンジ インペリアルラウンジ アクア）
〇三−三五三九−八〇八六（ホテルショップ「ガルガンチュワ」）

**P.61**

・ホテルニューグランド
神奈川県横浜市中区山下町一〇 本館一階
〇四五−六八一−一八四一（コーヒーハウス ザ・カフェ）

**P.67**

・東京會舘
東京都千代田区丸の内三−二−一 本舘一階
〇三−三二一五−二一二六（ロッシニテラス）

**P.72**

・千疋屋総本店 日本橋本店
東京都中央区日本橋室町二−一−二
日本橋三井タワー二階
〇三−三二四一−一六三〇（フルーツパーラー）

**P.77**

・資生堂パーラー ザ・ハラジュク
東京都渋谷区神宮前一−十四−三〇
WITH HARAJUKU八階
〇三−三四七五−一〇二一

**P.83**

・銀座メゾン アンリ・シャルパンティエ
東京都中央区銀座二−八−二〇
ヨネイビル一階
〇三−三五六二−二七二一

**P.88**

・和光アネックス
東京都中央区銀座四−四−八
和光アネックス一・二階
〇三−五二五〇−三一〇二（ケーキ直通）
〇三−五二五〇−三一〇〇（ティーサロン）

**P.93**

・山の上ホテル
東京都千代田区神田駿河台一-一 地下一階
〇三-三二九三-二八三四（コーヒーパーラー ヒルトップ）

**P.101**

・The Okura Tokyo
東京都港区虎ノ門二-一〇-四
プレステージタワー五階
〇三-三五〇五-六〇六九（オールデイダイニング オーキッド）

**P.107**

・東京ステーションホテル
東京都千代田区丸の内一-九-一 一階
〇三-五二二〇-一二六〇（ロビーラウンジ）

**P.122**

・パレスホテル東京
東京都千代田区丸の内一-一-一 一階
〇三-三二一一-五三〇九（ザ パレス ラウンジ）

**P.126**

・洋菓子のゴンドラ
東京都千代田区九段南三-七-八
〇三-三二六五-二七六一

**P.132**

・メゾン・ド・フルージュ 苺のお店
京都府京都市中京区
東洞院通三条下ル三文字町二〇一 UEDAビル一階
〇七五-二一一-四一一五

**P.138**

・ザ・リッツ・カールトン東京
東京都港区赤坂九-七-一 東京ミッドタウン一階
〇三-三四二三-八〇〇〇（ホテル代表）

**P.142**

・ザ・ペニンシュラ東京
東京都千代田区有楽町一-八-一 地下一階
〇三-六二七〇-二八八八
（ザ・ペニンシュラ ブティック&カフェ）

**P.147**

・近江屋洋菓子店
東京都千代田区神田淡路町二-四
〇三-三二五一-一〇八八

**P.152**

・ホテルニューオータニ
東京都千代田区紀尾井町四-一 ザ・メイン ロビィ階
〇三-五二七五-三一七七（コーヒーショップSATSUKI）

IMPERIAL
HOTEL

THE RITZ-CARLTON
TOKYO
SWEETS & DELI
WAKO

本書はすべて書き下ろしです

森岡督行　もりおか・よしゆき

1974年山形県生まれ。森岡書店代表。著書に『荒野の古本屋』（小学館文庫）、『800日間銀座一周』（文春文庫）などがある。共著の絵本『ライオンごうのたび』（あかね書房）が全国学校図書館協議会が選ぶ「2022えほん50」に選ばれる。現在、小学館「本の窓」オンラインにて『銀座で一番小さな書店』を、資生堂『花椿』オンラインにて『銀座バラード』を連載中。「森岡製菓」の屋号でお菓子の販売とプロデュースも手掛ける。

ショートケーキを許す

二〇二三年一月二十二日　初版第一刷発行

著者　森岡督行
発行者　安在美佐緒
発行所　雷鳥社
〒一六七－〇〇四三
東京都杉並区上荻二－四－一二
電話　〇三－五三〇三－九七六六
ファックス　〇三－五三〇三－九五六七
http://www.raichosha.co.jp
info@raichosha.co.jp
郵便振替　00110-9-97086

イラスト　森岡督行
デザイン　川島卓也・大多和　琴（川島事務所）
校正・校閲　株式会社鷗来堂
印刷・製本　シナノ印刷株式会社
編集　林由梨


ISBN 978-4-8441-3787-0 C0095